森林火灾扑救技术手册

吴绍平　宗军荣◎主　编

汤金保　彭远见　王　敏　刘玉海◎副主编

中国铁道出版社有限公司

CHINA RAILWAY PUBLISHING HOUSE CO., LTD.

内容简介

本书以江苏省森林防灭火工作为主线，阐述了江苏省森林分布和森林火灾基本情况、等级划分、预测预警，森林火灾扑救的准备工作、扑救方法、力量编成、等级响应、协同联动、战术技术、安全事项、火场清理方法、避险方法，以及消防救援队伍“供水灭火”操法和相关测试数据、其他常用扑救操法与扑救思路、全省消防救援队伍森林火灾扑救应急预案要素等内容。

本书可作为各地消防救援部门组织开展森林火灾扑救技术战术训练，以及制定森林火灾扑救预案的参考用书，同时也是江苏省消防救援队伍的岗位培训用书。

图书在版编目(CIP)数据

森林火灾扑救技术手册/吴绍平，宗军荣主编. —北京：中国铁道出版社有限公司，2022.9

ISBN 978-7-113-29680-3

Ⅰ.①森…　Ⅱ.①吴…　②宗…　Ⅲ.①森林防火-江苏-技术手册　②森林灭火-江苏-技术手册　Ⅳ.①S762.3-62

中国版本图书馆 CIP 数据核字(2022)第 175373 号

书　　名：森林火灾扑救技术手册
作　　者：吴绍平　宗军荣

策　　划：张　彤　　**编辑部电话：**(010)51873202
责任编辑：张　彤
封面设计：尚明龙
责任校对：安海燕
责任印制：樊启鹏

出版发行：中国铁道出版社有限公司(100054，北京市西城区右安门西街 8 号)
网　　址：http://www.tdpress.com/51eds/
印　　刷：河北宝昌佳彩印刷有限公司
版　　次：2022 年 9 月第 1 版　2022 年 9 月第 1 次印刷
开　　本：710 mm×1 000 mm 1/16　**印张：**9　**字数：**168 千
书　　号：ISBN 978-7-113-29680-3
定　　价：30.00 元

前　言

为进一步指导消防救援人员掌握森林火灾扑救的战术技术，建立健全消防救援队伍参加森林火灾扑救的工作机制和预案体系，提升扑救森林火灾和抢救人员生命的实战能力，减少森林火灾造成的人员伤亡和财产损失，依据《中华人民共和国消防法》《中华人民共和国森林法》《中华人民共和国突发事件应对法》《森林防火条例》《国家森林火灾应急预案》等编写本书。

本书主要以江苏省森林防灭火工作为研究对象，阐述了江苏省森林分布和森林火灾基本情况、森林火灾扑救的准备工作、森林火灾扑救战术技术、"以水灭火"扑救方法、安全事项与避险方法，以及消防救援队伍森林火灾扑救应急预案要素等内容。其中"以水灭火"方法、森林消防直升机与无人机的应用等部分均已通过实战演习的论证，可以作为实战参考。但在灭火救援实战中，仍需根据现场实际情况合理制定行动方案，切不可照抄照搬。

本书由吴绍平、宗军荣任主编，由汤金保、彭远见、王敏、刘玉海任副主编，吴超、许杨、张霄、于永、李先胜、王展鹏参与编写。

本书编写过程中，得到了江苏省高速公路消防救援支队、常州市消防救援支队、南通市消防救援支队等单位的大力支持，王敏、刘玉海、吴超等专家不仅直接负责本书装备器材、战术技术、"以水灭火"方法等章节的编写工作，还对本书其他部分提出了大量宝贵意见，在此表示感谢！

本书中案例、数据、灭火过程是公开的，特此说明。

编　者

2022年8月

目 录

第一部分　森林火灾扑救的组织指挥

一、森林火灾扑救组织指挥概述

（一）基本概念

森林火灾是一种突发性强、破坏性大、处置困难的自然灾害，危害极大。全世界每年发生森林火灾 20 万起左右，被烧林地面积几百万公顷以上，森林火灾扑救是一项世界性难题，属于高危作业，稍有不慎就会付出生命代价，需要在扑救技术上不断提高。

（二）指导思想

森林火灾扑救应坚持以人民为中心，坚持统一领导、协调联动、分级负责、属地为主、快速反应、高效应对的原则，实行各级人民政府行政首长负责制。

（三）指挥主体

森林火灾发生后，各级人民政府、有关部门立即按照职责分工和相关预案开展处置工作。省政府是应对本行政区域重大以上森林火灾的主体，根据森林火灾应对工作需要，指导协调市级较大森林火灾应急救援工作。

（四）指挥调度

消防救援队伍在各级消防救援部门和各级人民政府的直接领导下，在专业火灾扑救队伍的引导下，作为第一梯队参加森林火灾扑救工作，以抢救人员生命财产安全、尽快控制并消灭火势为主。各级消防救援队伍主要负责同志应担任森林防灭火指挥部副总指挥。

消防救援队伍执行森林火灾扑救任务，接受火灾发生地县级以上森林防灭火指挥部的指挥；执行跨市森林火灾扑救任务的，接受省森林防灭火指挥部的统一指挥。

省级消防救援部门在省政府统一领导下，调度全省消防救援队伍参与处置全省重大以上森林火灾。需要跨区域增援时，由设区市级森林防灭火指挥部提出申请，省级森林防灭火指挥部调动，省级消防救援部门按省级森林防灭火指挥部要求下达具体调派指令。

基层消防救援队伍在前线指挥部的统一调度指挥下，明确任务分工，展开扑救行动。现场指挥员要认真分析地理环境和火场态势，在队伍行进、驻地选择和救火作业时，时刻注意观察天气和火势的变化，确保消防人员安全。

(五)运行机制

消防救援队伍参加森林防灭火工作，主要在《江苏省森林防灭火指挥部运行机制》(苏森防办〔2022〕1号)框架下运行，包括信息共享机制、会商研判机制、信息报送机制等。

(六)工作任务

根据《江苏省森林防灭火指挥部工作规则》(苏森防办〔2022〕2号)，省消防救援总队负责参与编制省级森林火灾应急预案；日常加强森林火灾扑救技战术训练；发生森林火灾时，负责组织、指导全省国家综合性消防救援队伍参加森林灭火工作，协助地方政府做好解救疏散群众、抢运重要物资、保护重要民生和重要军事目标以及重大危险源安全等工作。

参加森林火灾扑救时，具体承担以下任务：一是组织灭火行动，指导协助组织扑明火、打火头、开隔离、清火线、守火场，协调解决地方政府在扑火工作中存在的实际困难；二是转移疏散人员，指导协助组织开展解救、转移、疏散受威胁群众，并及时进行妥善安置和必要的医疗救治；三是保护重要目标，指导协助保护民生和重要军事目标以及重大危险源安全；四是转移重要物资，指导协助组织抢救、运送、转移重要物资。

二、江苏省基本概况及消防救援队伍参加森林火灾扑救基础条件

(一)全省山地森林分布情况

全省共有森林242.2万公顷，主要分布于盐城(35.22万公顷)、徐州(34.19万公顷)、宿迁(21.79万公顷)、淮安(21.64万公顷)、南通(20.68万公顷)、南京(19.61万公顷)、连云港(19万公顷)等地区，其中徐州(森林覆盖率27.15%，下同)、南京(25.86%)、宿迁(23.14%)、连云港(21.48%)、无锡(21.39%)、常州(20.38%)、镇江(20.01%)等地区森林覆盖率位居全省前列。全省山地集中分布在苏南、苏北省界地带，最高峰为连云港云台山玉女峰(624.4 m)，无锡、常州、南京、镇江、苏州等地区山地分布较多。同时，全省水域总面积高达1 722 300公顷，水域覆盖率高达17%。因此，对于消防救援队伍来说，森林火灾扑救要充分利用水资源丰富和器材装备先进的特点，主要发挥以水灭火的实际功效，根据工作安排做探讨性教学演示，为各地提供示范和借鉴。

(二)全省自然保护地情况

全省共有123个政府投资主办的省级以上森林公园和湿地公园(59个湿地公园、61个森林公园、1个旅游度假区、2个银杏公园，其中46个国家级、77个省级)，均为一级防火区；53个位于Ⅰ级火险县级单位，28个位于Ⅱ级火险县级单位，29个位于Ⅲ级火险县级单位，13个位于省级森林火险重点单位(全省森林火

险县级区划等级名录中，共有18个Ⅰ级火险县级单位、22个Ⅱ级火险县级单位，未列入一级和二级的均为Ⅲ级火险县级单位，国家级自然保护区、国家级森林公园、国家级湿地公园等国家级自然保护地均为省级森林火险重点单位）。按照森林消防站建设标准，上述自然保护地中，共有一类建队单位1个、二类建队单位6个、三类建队单位54个。江苏省政府投资主办的省级以上森林公园和湿地公园名单和森林火险县级单位区划等级目录见附录。

（三）全省消防救援队伍参加森林火灾扑救情况

"十三五"期间，全省消防救援队伍共接报森林火灾类警情156起，出动车辆299辆、指战员1 562人，抢救财产价值257.1万元。其中，"9·22"连云港华山顶火灾、"11·14"镇江句容市方家山火灾等森林火灾过火面积较大、社会影响强烈，消防救援队伍投入力量较多、火势控制较快，得到社会各界一致肯定。

（四）全省森林消防队伍建设情况

全国共设有内蒙古、吉林、黑龙江、福建、四川、甘肃、云南、新疆、西藏等9个森林消防总队和2个森林航空救援支队、1个机动支队，共计2.8万余人。江苏省因山地森林草原覆盖面积较小，未设立整建制森林消防队伍，也未设置机动驻扎力量。按照《森林消防专业队伍建设和管理规范》(LY/T 2246—2014)测算，全省应建一类森林消防站1个、二类森林消防站6个、三类森林消防站54个。目前，全省共有地方专业森林消防队伍52支、1 094人，半专业森林消防队伍124支、2 625人(以涉林单位干部、职工为主)。

（五）全省消防救援队伍参加森林火灾扑救的基础条件

江苏省消防救援队伍队站分布点多面广、车辆装备较为先进、实战能力相对成熟，具有扑救森林火灾、抢救被困人员、保护重点目标的综合实力。2021年1月22日，省消防救援总队在常州市武进区太湖湾城湾山一带举办森林火灾扑救示范性演练，调集总队全勤指挥部和常州、泰州、徐州市消防救援支队以及航空、工程机械、通信、供电等多家社会联动单位共计200余人参演，检验了多工种联合作战的磨合力度。演练表明，消防救援队伍能够充分利用先进的车辆装备、完善的森林消防基础设施和丰富的水力资源，能够第一时间启动各部门和社会单位联勤联战机制，能够将森林火灾灭早、灭小、灭初期。

三、森林火灾的等级划分

按照受害森林面积、伤亡人数和直接经济损失，森林火灾分为一般、较大、重大和特别重大四个等级。

（一）一般森林火灾

受害森林面积在1公顷以下或者其他林地起火的，或者死亡1人以上3人以下的，或者重伤1人以上10人以下的。

(二)较大森林火灾

受害森林面积在 1 公顷以上 100 公顷以下的，或者死亡 3 人以上 10 人以下的，或者重伤 10 人以上 50 人以下的。

(三)重大森林火灾

受害森林面积在 100 公顷以上 1 000 公顷以下的，或者死亡 10 人以上30 人以下的，或者重伤 50 人以上 100 人以下的。

(四)特别重大森林火灾

受害森林面积在 1 000 公顷以上的，或者死亡 30 人以上的，或者重伤100 人以上的。

四、森林火灾的预测预警

根据森林火险等级、火行为特征和可能造成的危害程度，将森林火险预警级别划分为四个等级，由高到低依次用红色、橙色、黄色和蓝色表示。

(一)预警发布

各级林业和气象主管部门加强会商，制作森林火险预警信息，并通过预警信息发布平台和广播、电视、报刊、信息网络、微信公众号等方式，向涉险区域相关部门和社会公众发布。其中，红色和橙色预警信息由本级政府主要负责人签发；黄色和蓝色预警信息由本级政府受委托的部门、单位主要负责人签发。

(二)预警响应

当发布蓝色、黄色预警信息后，预警地区县级以上人民政府及其有关部门密切关注天气情况和森林火险预警变化，加强森林防火巡护、卫星林火监测和瞭望监测，做好预警信息发布和森林防火宣传工作，加强火源管理，落实防火装备、物资等各项扑火准备；当地各级各类森林消防队伍进入待命状态。

当发布橙色、红色预警信息后，预警地区县级以上人民政府及其有关部门在蓝色、黄色预警响应措施的基础上，进一步加强野外火源管理，开展森林防火检查，加大预警信息播报频度，做好物资调拨准备；当地专业森林消防队伍对力量部署进行必要调整，视情靠前驻防。

各级森林防灭火指挥部视情对预警地区森林防灭火工作进行督促和指导。

五、江苏省森林火灾的政府应急响应

火灾发生后，基层森林防灭火指挥机构第一时间采取措施，做到打早、打小、打了。初判发生一般森林火灾，由县级森林防灭火指挥部负责组织指挥，市级森林防灭火指挥部负责协调、指导；初判发生较大森林火灾，由市级森林防灭火指挥部负责组织指挥，省级森林防灭火指挥部负责协调、指导；初判发生重大、特别重大森林火灾，由省级森林防灭火指挥部负责组织指挥，当超出处置权限或救援能力范围时，请求国家森林防灭火指挥部给予指导和救援。

根据火灾严重程度、火场发展态势和当地扑救情况，省级层面应对工作设定Ⅳ级、Ⅲ级、Ⅱ级、Ⅰ级四个响应等级，并通知相关市、县，相关市、县根据响应等级落实相应措施。

（一）Ⅳ级响应

发生一般森林火灾且有人员伤亡时，及时向省政府报告，并向省森林防灭火指挥部有关成员单位通报情况。省森林防灭火指挥部立即启动Ⅳ级应急响应，组织实施以下应急措施：

1. 省森林防灭火指挥部办公室进入应急状态，加强火情监测，及时连线调度火灾信息。

2. 加强对火灾扑救工作的指导，根据需要通知相邻市、县地方专业森林消防队伍、国家综合性消防救援队伍做好增援准备。

3. 视情发布高森林火险预警信息。

（二）Ⅲ级响应

发生较大森林火灾时，及时向省政府报告，并向省森林防灭火指挥部有关成员单位通报情况。省森林防灭火指挥部立即启动Ⅲ级应急响应，组织实施以下应急措施：

1. 省森林防灭火指挥部办公室及时调度了解森林火灾最新情况，组织火灾连线、视频会商调度；根据需要派出工作组赶赴火场，协调、指导火灾扑救工作。

2. 指导市级森林防灭火指挥部拟定扑救方案，研究火灾扑救措施。

3. 根据需要调动相关地方专业森林消防队伍、国家综合性消防救援队伍实施跨市、县增援扑火。

4. 气象部门提供天气预报和天气实况服务，做好人工影响天气作业准备。

（三）Ⅱ级响应

发生重大森林火灾时，及时向省政府报告，并向省森林防灭火指挥部有关成员单位通报情况。省森林防灭火指挥部立即启动Ⅱ级应急响应，设立现场指挥机构，人员由省森林防灭火指挥部有关成员单位和专家组成，负责现场指挥、组织、协调各成员单位按照各自职责开展火灾应急处置和救援工作，并根据工作需要设立综合调度、通信保障、后勤运输保障、技术咨询、安全保卫、医疗救护、转移安置、新闻宣传等工作组，组织实施以下应急措施：

1. 省森林防灭火指挥部组织有关成员单位召开会议联合会商，分析火险形势，研究扑救措施及保障工作；指挥部会同有关部门和专家组成工作组赶赴火场，协调、指导火灾扑救工作。

2. 根据市级森林防灭火指挥部的请求，增派地方专业森林消防队伍、国家综合性消防救援队伍跨区域支援参加扑火。

3. 协调调派解放军、武警部队、公安及民兵、预备役部队等跨区域参加火灾扑救工作。

4. 根据火场气象条件，指导、督促当地开展人工影响天气作业。

5. 根据市级森林防灭火指挥部的请求，协调做好扑火物资调拨运输、卫生应急队伍增援等工作。

6. 协调相关媒体加强火灾及扑火救灾宣传报道。

(四) Ⅰ级响应

发生特别重大森林火灾时，及时向国家森林防灭火指挥部报告，省森林防灭火指挥部立即启动Ⅰ级应急响应，当出现超出省森林防灭火指挥部处置权限、救援能力范围时，及时向国家森林防灭火指挥部请求指导和救援，省森林防灭火指挥部按照国家森林防灭火指挥部要求做好相关森林火灾扑救工作。

六、江苏省消防救援队伍参加重大以上和跨区域森林火灾扑救的作战指挥

江苏省消防救援队伍在应急管理部消防救援局和省政府的领导下，按照“统一指挥、逐级指挥”的原则，全力协助配合做好全省重大以上和跨区域森林火灾扑救工作。

总队指挥部由总队长、政委担任总指挥，主管灭火救援指挥部的副总队长担任副总指挥，灭火救援指挥部、政治部、办公室、新闻宣传处、后勤装备处等有关处室人员为成员。火灾发生后，根据灾情级别，调集全省森林火灾扑救专业队和机动队开展灭火救援。

总队指挥部下设作战指挥组、通信保障组、战勤保障组、宣传报道组、政工保障组和信息保障组。

各支队指挥部参照总队指挥部模式设置机构、人员和职能。

(一)作战指挥组

组长由总队特种灾害救援处负责人担任，成员由总队、各支队特种灾害救援、作战训练处(科)人员组成。主要职责为：组织力量集结，抵达灾区后根据当地党委、政府统一部署的工作任务，拟定具体行动方案，指挥救援力量完成指定区域人员搜救、疏散、供水等工作。

(二)通信保障组

组长由总队信息通信处负责人担任，成员由总队、各支队信息通信处(科)人员组成。主要职责为：组织消防应急通信保障力量到场保障，统筹调度通信力量和资源，建立前后方视频会商研判平台，组织搭建现场通信保障网络。

(三)战勤保障组

组长由总队后勤装备处负责人担任，成员由总队、各支队后勤装备处(科)及

各级战勤保障力量组成。主要职责为:组织协调救援装备物资的运输及调配,落实救援人员的生活和医疗保障,组织救援装备器材技术保障。

(四)宣传报道组

组长由总队新闻宣传处负责人担任,成员由总队、各支队宣传处(科)人员及新闻媒体记者组成。主要职责为:组建应急宣传队伍,记录现场灭火救援情况;根据总指挥指示,撰写报批新闻通稿,发布力量调集、处置过程等救援信息,联系新闻单位随队采访报道。

(五)政工保障组

组长由总队组织教育处负责人担任,成员由总队、各支队组织教育处(科)人员组成。主要职责为:鼓舞参战指战员士气,指导做好队伍心理疏导,树立典型,做好战后表彰等工作。

(六)信息保障组

组长由总队办公室负责人担任,成员由总队、各支队办公室处(科)人员以及后方指挥中心人员组成。主要职责为:收集总队参加火灾扑救行动有关信息和资料,编写综合信息和工作报告,向前方指挥部或消防救援局上报救援情况。

七、江苏省消防救援队伍参加森林火灾扑救的力量编成与等级响应

按照“全省统调、建制出动”的原则,调集森林火灾扑救专业队伍和机动队伍实施本地和跨区域救援。

(一)力量编成

组建总队级专业队 1 支、支队级专业队 9 支(南京、镇江、常州、无锡、苏州、南通、徐州、盐城、连云港)以及常备机动救援力量。

1. 总队级专业队。人员 200 人,包括南京支队 150 人、训练与战勤保障支队 50 人,由总队灭火救援指挥部领导、总队灭火救援指挥部与南京支队共同组织指挥。

2. 支队级专业队。各市消防救援支队组建森林火灾扑救专业队,常州、无锡、徐州、连云港支队每个专业队 100 人(2 个分队)、南京、镇江、苏州、南通、盐城每个专业队 50 人,共 650 人,由各支队自行确定组织机构。

3. 常备机动队。扬州、泰州、淮安、宿迁各抽调 50 名政府专职消防员组建常备机动队,由总队灭火救援指挥部领导、总队灭火救援指挥部与相关支队共同组织指挥。

森林火灾等级较高、扑救力量不足时,总队可根据各地执勤力量实际情况,另行组建森林火灾扑救增援机动队。

(二)响应等级与力量调集

参照国家《森林草原火灾应急预案》和应急管理部特别重大森林草原火灾应急响应分级标准，根据火灾严重程度、火场发展态势和扑救的情况，全省消防救援队伍参与扑救森林火灾划分为Ⅳ级、Ⅲ级、Ⅱ级、Ⅰ级四个响应等级。森林火灾发生后，当地消防队伍第一时间响应（Ⅳ级），总队指挥中心接到各支队报告或消防救援局调度命令后立即按等级响应（Ⅰ、Ⅱ、Ⅲ级），根据不同响应等级，以起火地为中心、调集周边临近支队进行增援。

1. Ⅳ级响应。

等级标准：(1)初判达到较大森林火灾，且过火面积 50 公顷以上 100 公顷以下；(2)发生 24 小时尚未得到有效控制、发展态势持续蔓延扩大的森林火灾；(3)同时发生2 起以上危险性较大的森林火灾。

响应办法：辖区消防救援站到场，调派属地消防救援支队森林火灾扑救专业队，携行灭火、应急通信等器材设备，赶赴现场参与扑救。

具体机制：(1)辖区消防救援站参加战斗，支队全勤指挥部到场，视情调集辖区支队内部增援力量；(2)属地支队启动有关预案；(3)向当地政府报告灾情，通报森林防火指挥部成员单位和相关部门；(4)支队向总队报告灾情；(5)协调发布森林火灾预警信息。

2. Ⅲ级响应。

等级标准：(1)初判达到重大森林火灾，过火面积 100 公顷以上 500 公顷以下；(2)发生 48 小时尚未得到有效控制、发展态势持续蔓延扩大的森林火灾。

响应办法：除调派属地消防救援支队森林火灾扑救专业队外，增调总队全勤指挥部、临近支队 2 支森林火灾扑救专业队、2 支森林火灾扑救机动队赶赴现场参加扑救。

具体机制：(1)支队全面投入火灾扑救；(2)支队总指挥率全勤指挥部赶赴灾区，视情向总队请求增援；(3)属地支队向总队报告灾情，通报省森林防火指挥部成员单位和相关部门；(4)总队指挥中心了解掌握灾情，立即向总队领导、值班领导、指挥长报告情况，通知当日全勤指挥部人员到现场组织指挥，视情出动战勤保障力量及各支队增援力量；(5)协调发布森林火灾预警信息。

3. Ⅱ级响应。

等级标准：(1)初判达到重大森林火灾，过火面积 500 公顷以上；(2)发生 72 小时尚未扑灭明火的森林火灾。

响应办法：除调派属地消防救援支队森林火灾扑救专业队外，增调总队全勤指挥部、临近支队 4 支森林火灾扑救专业队、6 支森林火灾扑救机动队赶赴现场参加扑救。

具体机制：(1)总队立即投入火灾扑救；(2)总队全勤指挥部赶赴灾区，通信保障、战勤保障力量遂行出动；(3)向省政府、消防救援局报告灾情，通报森林防火指挥部成员单位和相关部门；(4)总队指挥中心了解掌握灾情，向总队领导报告情况，视情况召回全勤指挥部人员做好增援准备；(5)协调发布森林火灾预警信息。

4. Ⅰ级响应。

等级标准：(1)初判达到特别重大森林火灾(含入境火)，且火势未得到有效控制；(2)党中央、国务院高度重视，国家森林草原防灭火指挥部启动Ⅱ级以上响应的；(3)国土安全和社会稳定受到严重威胁，有关行业遭受重创，经济损失特别巨大的。

响应办法：调派总队全勤指挥部、全部森林火灾扑救专业队和机动队赶赴现场参加扑救。根据火场情况，向应急管理部消防救援局提出增援请求，调集临近消防救援总队力量实施跨区域增援。

具体机制：(1)总队全面投入火灾扑救；(2)总队主官到场指挥，在Ⅱ级响应基础上，调集特种灾害救援、作战训练、信息通信、后勤装备、新闻宣传、组织教育、办公室等部门和业务骨干等救援力量前往现场进行处置；(3)向省政府、消防救援局报告灾情，通报森林防灭火指挥部；(4)消防救援局调集跨区域增援力量；(5)协调发布森林火灾预警信息。

(三)等级调整

灾情升级：根据灾情信息不断修正，达到上一级灾害等级标准的，响应等级随之提升。对于发生在夜间(22时至次日7时)的灾害，提高1个响应级别。

灾情降低：根据灾情信息的不断修正，未达到本级灾害等级标准，响应等级随之降低。

八、森林火灾扑救的协同联动

消防救援队伍与属地森林消防队伍和地方扑火队伍，以及气象、环境等职能部门建立森林火灾信息共享通报制度，实现信息共享、实时通报，及时沟通重大灾情信息和任务推进情况，提高协同作战效能。

九、森林火灾扑救的通信保障

(一)途中通信保障

各级通信力量出动后，要第一时间上报总队作战指挥中心，统一受领任务；在出动途中，利用通信指挥车、卫星电话、北斗有源终端等通信设备，实时上传途中画面和定位信息，保持与后方指挥中心的通信联络。

(二)现场通信保障

辖区支队在灾害现场要依托通信指挥车或卫星便携站构建现场指挥部通信

中心，设立图像、语音综合管理平台操作席位，利用多手段建立应急通信保障网络，确保现场指挥部与各级指挥中心和作战分队间视频、语音通信联络畅通。

（三）后方指挥通信保障

后方通信保障需明确专人负责组织后方指挥中心值班值守，配合做好前后方音视频联调测试；明确专人负责后方指挥中心通信保障工作，了解现场情况，跟踪灾情进展，落实有关指示要求，报告有关情况。

（四）综合信息来源

森林火灾方面，气象部门负责制作全省24小时森林火险天气等级预报和高森林火险天气警报，并针对重点火险区的实际情况制定人工影响天气方案，适时实施人工增雨作业，为尽快扑灭森林火灾创造有利条件。发生森林火灾后，气象部门全面监测火场天气实况，提供火场天气形势预报。

林火监测方面，气象部门利用应急管理部卫星林火监测中心或气象卫星提供的热点监测报告和火情图像对森林火灾发生进行预警，通过地面瞭望台、巡护人员密切监视火场现场动态，形成立体型林火监测网络。

各级消防救援部门应与气象部门保持常态化联系，获取每日森林火险天气等级预报和森林火险天气警报、人工增雨作业方案、林火监测热点监测报告、火情预警图像等资料。

十、森林火灾扑救的战勤保障

在进行灭火救援行动时，分为自我保障和后续综合保障两个阶段。

（一）自我保障

各支队根据总队命令要求，从本单位物资储备库统一调集配备生活保障物资，携带足够的饮食给养和医疗急救药品，确保救援途中及救援行动的前期生活保障，同时携带党旗、队旗、笔记本电脑、记事本、笔、数码照相机、摄像机、移动存储设备、扩音器、哨子、地图等所需物品。战勤保障分队遂行器材装备和生活物资的集中存放和管理，器材装备维修维护和油料供应，宿营地和指挥部搭建及现场供电保障，现场防疫和医疗救护。

（二）后续综合保障

由总队战勤保障力量联合辖区支队组建战勤保障编队，下设饮食保障、生活保障、器材保障、供电保障、油料保障和卫勤保障等模块。辖区支队在总队战勤保障组的领导下，积极协调社会联动资源，负责各增援力量的饮食、住宿、医疗等保障工作，全力为各消防救援力量提供必需的装备物资保障。

1. 饮食保障。利用饮食保障车为参战指战员提供饮食保障，保证指战员吃上热饭、喝上热水。

2. 生活保障。为参战人员提供轮换休息场所、车辆，补给生活物资，更换被装衣物,洗上热水澡。

3. 器材保障。通过器材运输车和装备抢修车为救援队补充器材装备,对故障损坏装备进行现场维修。

4. 供电保障。通过发电车或移动发电设备,为救援现场和指挥部提供供电保障,保证救援现场照明、通信、办公设备正常运转。

5. 油料保障。利用加油车为现场车辆、救援器材装备实施油料供应。

6. 卫勤保障。配备必需的药品,对现场伤病员进行及时医治,并负责现场卫生防疫工作。

十一、森林火灾扑救的信息报送

各消防救援支队接到森林火灾警情,要及时、准确、规范报告信息,报告内容包括森林火灾发生的时间、地点、面积、人员伤亡、火灾情况简要分析、采取措施及火灾发展趋势、是否需要支援等;及时通报受威胁地区有关单位和森林防火指挥机构。

(一)火情速报

县(市、区)消防救援部门一旦发现或接到县级森林防灭火指挥部办公室火情通报时,要迅速了解和掌握森林火情,按照信息报送有关要求,第一时间向设区市消防救援部门报告有关情况。必要时,可同时越级上报。

设区市消防救援部门接到森林火灾火情报告后,要第一时间了解和掌握森林火情以及消防救援力量扑救和出动情况,按照信息报送有关要求,向省级消防救援部门报告有关情况。信息报送情况应包括火灾发生的时间、地点、类型、等级、伤亡人数、火情态势、扑救力量、火场及周边情况、可能引发因素、发展趋势以及先期处置情况等。

国家和省委、省政府对突发事件报告另有规定的从其规定执行。

(二)火情续报

根据森林火灾发展变化、应急处置和救援工作进展,原速报单位加大续报工作力度,密切跟踪火情进展,随时上报最新信息,并做好终报工作。

(三)特殊情况直接报送

市、县消防救援部门对下列森林火灾应立即向省级消防救援部门报告:

1. 延续12小时尚未扑灭的森林火灾。

2. 较大、重大、特大森林火灾。

3. 1人以上死亡或造成3人以上重伤的森林火灾。

4. 危及邻省或者省辖市行政区域交界地段的森林火灾。

5. 威胁省级以上自然保护区、风景名胜区的森林火灾。

6. 危及居民区和国家重要设施的森林火灾。

7. 大片速生丰产林基地和重点国有林分布地区的森林火灾。

8. 需要省或友邻市支援扑灭的森林火灾。

(四)火情信息收集分析

各级消防救援部门要随时做好火灾信息收集、汇总、分析和上报工作，配合各级森林防灭火指挥部办公室按照《全国森林火灾统计系统》要求做好相关工作。

十二、森林火灾的灾情发布与新闻宣传

森林火灾信息由县级以上人民政府森林防灭火指挥机构向社会发布。

消防救援队伍参加森林火灾扑救的新闻宣传工作，由省级消防救援部门审批。涉及森林火灾的受害面积、人员伤亡、经济损失等情况的，须经省或市级森林防灭火指挥部核准后再进行报道。

重大、特别重大森林火灾信息发布按照国务院有关规定执行。

十三、森林火灾扑救的重点目标

森林火灾扑救的首要目标是抢救被困人员生命、保护扑救人员生命。当军事设施、危险化学品生产储存设备、输油气管道等重要目标物和重大危险源受到火灾威胁时，迅速调集专业队伍，在专业人员指导下，确保救援人员绝对安全的前提下全力消除威胁，确保目标安全。

十四、森林火灾扑救的火场清理

森林火灾明火扑灭后，如果有需要，应在各级森林防灭火指挥部的统一组织和请求下，继续做好余火清理工作。经检查验收，达到无火、无烟、无气后，统一撤离。

十五、森林火灾扑救的预案制定

(一)预案应包含的基础情况要素

消防救援部门应通过地方林业部门、地方政府信息公开等渠道，详细了解省级以上自然保护地(政府投资的森林公园和湿地公园)有关情况，主要包括以下要素：园区面积，园区内林地面积、草地面积、水域面积，园区内建筑面积，常住人口数量，管理单位，管理责任人，地方森林扑火队及主要负责人联系方式，海拔(涉及山地)、最高点与最低点的相对高差，主要林(草)种，主要林(草)种高度等。

(二)预案的主要类型

制定森林火灾扑救预案应以数字化为主，重点制定三类预案：一是国家级森林公园和湿地公园森林火灾扑救预案，做到“一园一案”；二是省级森林公园和湿

地公园火灾扑救预案，做到“一园一案”；三是其他地区重特大森林火灾扑救增援力量调度方案。

（三）预案应包括的作战要素

预案应丰富翔实、简洁具体，具体内容包括：

1. 基本情况。

2. 地形图、林相图、行车路线图、行人路线图。

3. 易造成人员伤亡的重点部位情况、易造成重特大经济损失的重点部位情况，易造成参加扑救消防员和其他扑火队员伤亡的重点部位、险要地形、高风险林（草）种情况。

4. 本园区内常见天气类型及以往5年内森林火灾预警情况。

5. 山林（草地）内或临近可用的天然水源或人工水源情况，山林（草地）内基本消防设施情况。

6. 林火监控设施及监控观察点和监控终端情况。

7. 本园区森林火灾扑救预案中消防救援队伍主要任务。

8. 调动主战中队、邻近联战中队和地方森林扑火队情况以及联动力量的具体构成和联系方式、联战机制，第一出动、第二出动、第三出动的车辆、装备和人员的具体情况。

9. 该园区内最大供水能力测试情况和实战供水方案，取水点区位位置图及可承载消防车质量、取水高度等情况。

10. 作战任务分工情况，作战安全提示要点等。

十六、森林火灾扑救的战评总结

扑火工作结束后，要及时进行全面工作总结，重点是总结分析火灾扑救过程的经验教训，提出改进措施，并根据有关规定对在扑火工作中贡献突出的单位和个人给予表彰和奖励。

第二部分　森林火灾扑救的战术技术

一、森林火灾扑救的基本概念

1. 森林火灾：失去人为控制，在林地中自由蔓延的林火。它烧毁森林资源，造成经济损失，破坏生态环境，甚至造成人员伤亡，是一种自然灾害。

森林燃烧必须具备三个要素，即可燃物、氧气和一定的温度，如果彻底破坏其中的任何一个要素，燃烧就会停止。

(1)可燃物。是指森林中可以燃烧的有机物，主要有死地被物、地衣、苔藓、草本植物、灌木、乔木和森林枯死物。

(2)氧气。燃烧是可燃物与氧气的化学反应，燃烧时不可缺少氧气；一般情况下，空气中含有21%的氧气；当空气中的含氧量低于15%时，燃烧就会停止。

(3)温度。燃烧除了需要可燃物和氧气以外，还需要一定的温度，因为燃烧这一化学反应在一定温度下才能进行。

2. 扑火战术：根据火场环境、天气条件和扑火队伍能力等具体情况制定的各种扑火方式方法。

3. 防火期：一年中易发生森林火灾的时段。

4. 火环境：林火发生蔓延的气象、立地和可燃物等环境条件。

5. 有效可燃物：在燃烧过程中烧掉的可燃物部分。

6. 可燃物含水率：单位干重可燃物中吸纳水分的重量，表示式为湿重－干重；可燃物含水率＝(湿重－干重)/干重×100%。

7. 火强度：单位时间、单位火线长度上的热能释放量。在实践中，地表火可参照火焰高度判断火强度，一般情况下，低强度火火焰高度低于1.5 m；中强度火火焰高度1.5～3.0 m；高强度火火焰高度3.0 m以上。

8. 点迎面火：在火蔓延的正前方一定距离处点火，使火烧向主火场蔓延，两火头相遇火即熄灭，简称反烧法。

9. 索降灭火：利用直升机将扑火队员运到火场附近空中最佳位置，从悬停的直升机上扑火队员通过绞车装置、钢索、背带系统或滑翔器降至地面，参加扑救森林火灾。

10. 吊桶灭火：利用直升机外挂吊桶载水，从空中直接将水喷洒到火头、火线上方进行扑救森林火灾。

11. 化学灭火:利用地面机具或飞机将化学阻燃剂喷洒到火头前、火线上方扑救森林火灾。

12. 易伤亡地段:火强度高、地形复杂、逃生困难的地段。

13. 火险等级:一、二级是低火险,三级为中火险,四、五级为高火险。

14. 火险天气:森林燃烧与天气密切相关。一般在高气压控制下的天气较晴朗、气温高、空气湿度小、可燃物干燥,易发生火灾。在低气压控制下的天气偏阴雨、气温低、空气湿度大、可燃物含水率高,不易发生火灾。

15. 森林燃烧过程:森林可燃物从被点燃到熄灭的整个过程,称为燃烧过程。森林燃烧分为预热阶段、气体燃烧阶段和固体燃烧阶段。

(1)预热阶段。可燃物受到外界热源作用开始增温,温度逐渐增高,可燃物的水分逐渐蒸发,随着大量水分的蒸发,产生大量的烟。这时只有部分可燃性气体挥发,但还不能燃烧,处于干燥的点燃前状态,该阶段称为预热阶段。

(2)气体燃烧阶段。随着温度的增高,可燃物被迅速分解成可燃性气体和焦油液滴,形成可燃性挥发物。可燃性挥发物与空气接触形成可燃性混合物。当挥发物达到燃点时,在固体可燃物的上方形成火焰,释放能量,该阶段称为气体燃烧阶段。

(3)固体燃烧阶段。在气体燃烧阶段后期,会在可燃物表面上发生缓慢的氧化反应,进行逐层燃烧。这一过程一般看不见火焰。该阶段称为固体燃烧阶段,又称木炭燃烧阶段。

二、森林火灾扑救对消防员的基本要求

(一)对指挥员的基本要求

1. 及时掌握火场天气情况。
2. 正确分析判断林火行为变化。
3. 密切注意可能发生危险的地段。
4. 接近火场时,要明确撤离路线。
5. 对火场可能出现的各种情况有充分应急准备。
6. 要适时组织队伍休整,保持旺盛的体力。
7. 时刻保持通信联络畅通,及时掌握分队行动。
8. 避险时要冷静果断,选择正确的方法,快速实施避险。
9. 及时了解掌握灭火队员思想心理等情况,发现问题及时加以疏导。

(二)对火场安全观察员的基本要求

1. 协助指挥员正确组织指挥灭火作战。
2. 随时观察火势,注意风向、植被变化。
3. 及时报告灭火安全隐患和险情。

4. 协助指挥员处置火场险情。

5. 协助指挥员加强火场安全管理。

(三)对灭火队员的基本要求

1. 遵守火场纪律,服从指挥,不擅自行动和单人行动。

2. 按规定着装,携带安全装备和通信、照明、救护器材等。

3. 接近火场时,牢记安全避险区域和撤离路线。

4. 密切观察植被、气象及火势变化,尤其要注意午后时段的天气情况。

5. 陷入危险环境,要保持头脑清醒,积极采取避险和自救措施。

三、森林火灾的主要类型

(一)地表火

沿林地表面蔓延的火,是最常见的一种林火。根据蔓延速度,可分为急进地表火和稳进地表火,如图 2-1 所示。

图 2-1　地表火

1. 急进地表火。急进地表火是在大风或坡度较大情况下形成。蔓延速度快,通常为 4～8 km/h。燃烧不均匀,一般烧毁林地枯草、枯枝落叶等。

2. 稳进地表火。稳进地表火一般是在风速较小或坡度较缓的情况下形成。蔓延缓慢,速度稳定,通常在 4 km/h 以下,燃烧比较彻底。

(二)树冠火

地表火遇到强风或特殊地形向上烧至树冠,并沿树冠蔓延和扩展的林火称为树冠火。根据其蔓延速度,可分为急进树冠火、稳进树冠火和间歇性树冠火,如图 2-2 所示。

1. 急进树冠火。树冠火一般伴随地表火,林火蔓延时如果地表火在后,树冠火在前,火焰在树冠上跳跃前进,该类火称为急进树冠火。通常蔓延速度为 8～25 km/h。

2. 稳进树冠火。地表火与树冠火同时向前蔓延，蔓延速度相对较慢，称为稳进树冠火。通常蔓延速度为 5～8 km/h，燃烧彻底。

3. 间歇性树冠火。受火场气象、地形、植被等因素的变化，地表火与树冠火交替燃烧，产生的间歇性树冠火。通常蔓延速度为 5～25 km/h。

图 2-2　树冠火

(三)地下火

在腐殖质层或泥炭层中蔓延和扩展的火称为地下火。地下火多发生在长期干旱且有腐殖质层或泥炭层的森林，其蔓延速度十分缓慢，最快速度约 5 m/h，如图 2-3 所示。

图 2-3　地下火

(四)飞火

在强风或上升气流作用下，把燃烧的可燃物火团传播到火线的其他地方，产生新的火点。

四、森林火灾扑救的基本方法

在扑火战略上，要尊重自然规律，采取“阻、打、清”相结合，做到快速出击、科学扑火，集中优势兵力打歼灭战。

在扑火战术上，要采取整体围控、各个歼灭，重兵扑救、彻底清除，阻隔为主、正面扑救为辅等多种方式和手段进行扑救，减少森林资源损失。

在扑火力量使用上，坚持以地方专业森林消防队为主，其他经过训练的或有组织的非专业力量为辅的原则。

在落实责任制上，采取分段包干、划区色片的办法，建立扑火、清理和看守火场的责任制。

(一)以水灭火

以水灭火是消防救援队伍参加森林火灾扑救的最基本的方法，实验证明，充分发挥江苏省消防救援队伍车辆装备先进、各林区水利资源普遍较丰富和森林防灭火基础设施普遍较完善三大优势，能够有效提升森林火灾扑救效能，最大限度保卫人民群众生命财产安全。

主要车辆装备包括：消防车、远程供水泵组、手抬机动泵、背负式消防泵、消防水囊等。

主要方法包括：铺设远程供水泵组供水线路、向消防车供水出枪灭火、利用消防车向水囊供水出枪灭火、消防车手抬泵耦合供水出枪灭火、手抬泵耦合供水出枪灭火、利用背负式消防泵耦合供水灭火等。

特别需要注意：

1. 江苏省苏南、苏中、苏北地区水资源分布情况、降雨情况和其他气象情况差异较大，要根据实际情况合理采用以水灭火的方式，不能一概而论。苏南、苏中水资源较丰富的地区以及其他地势较平缓的自然保护地，可以充分利用以水灭火战术；苏南南部、苏北北部山地较高，需要特别注意以水灭火能否达到既定高度和强度。

2. 以水灭火必须严格确保供水线路的充分安全和水源充足。若供水线路受到火势威胁，或水源无法充分保障，前方消防队员极易因火势反复受到生命威胁。

3. 以水灭火必须选取稳妥可靠、便于掩护、适于推进的阵地，既要防止因水带烧毁、火势反复导致阵地被树冠火、地表火围困，也要防止因阵地无法推进致使火势迟迟无法扑灭。

4. 供水强度、水带管径、持续时间等因素能够影响灭火战术和技术的选择。当水带管径较大、供水强度较高、水源充足时，可以远距离持续扫射高强度火；当水带管径较小，或供水压力小、水源有限时，应当采取一切安全且迅速的行动尽快扑灭火头，并配合采取其他机具和技术扑灭残火。

5. 以水灭火需要成组行动，水源地或中转供水的水囊、消防车、手抬机动泵、远程供水泵组等阵地，应设置在不受火势威胁的安全部位。当发生危险时，可以作为沿水带撤离的安全区域。

6. 当以水灭火条件成熟时，应坚决果断下达决策，一次性将所有火头扑灭，最大程度减少经济损失和生态影响。

（二）地面直接灭火

利用消防工（机）具直接扑打明火、喷（撒）土灭火和清理余火。主要工（机）具包括：锹、耙、斧、刀、锯、二号工具、三号工具、扑火拍、灭火弹、灭火水枪、自压式灭火器；风力灭火机、风水灭火机、喷土机、灭火水炮、机动手抬灭火水泵、消防车等。

（三）地面间接灭火

采用阻隔措施间接扑救森林火灾的方法。主要包括：在火线前方喷洒泡沫灭火剂或其他化学灭火药剂，建立不燃阻隔带；在火线前方，开设生土阻隔带；在火线外围挖防火沟阻截地下火蔓延等。

（四）以火灭火

在火蔓延的前方点迎面火，必须是一段接一段点火。

1. 有控制线点烧：利用林区天然屏障，如公路、林区小路、河流、农田等为控制线，迎着火头方向点火。

2. 无控制线点烧：(1)先开设控制线。控制线开设出来后，如在坡度较大的林地，在开好的从山脊到山脚的垂直控制线（宽度为4～6 m）上，每隔5～6 m点火，也叫“梳形”点火法；(2)在欲作控制线地段逐段点火，火线长度10 m左右，待烧到2 m宽左右，扑灭外侧火，让内侧火迎着蔓延过来的火。点火距离可隔一两个山头，适于阻截急进树冠火或急进地表火。

3.“抽条式”点烧：在距火头下风向适当地段，利用已有屏障或临时开设防火线，贴防火线火蔓延来的一侧分别在2 m、5 m、10 m、15 m处点几条火线，适于阻截火向下风头方向蔓延。

4. 梯形点烧：在火线前方先烧出一条控制线，点火后，后撤20～30 m，烧第二条火线；再后撤点第三条火线。扑灭最后一条火线的外侧。

（五）航空灭火

利用森林消防飞机灭火，包括机降灭火、索降灭火、吊桶灭火、化学灭火等。

（六）人工增雨灭火

利用人工增雨手段直接灭火。

五、森林火灾扑救的基本战术

（一）分兵合围

应采取“阻、打、清”相结合封闭火场，根据火线长度和难易程度，将火线分段;按火场大小,分段扑救,各扑救分队之间应衔接。主要包括以下四种方法。

1. 一点两面式:消防队员多点进入,兵分两路,背向扑打,直至合围。

2. 接力式:对火势弱、火速慢的火场,扑救分队可分2～3个小组,同方向,短距离,交替超越接力式向前扑打合围火场。

3. 四面包围式:火势较小时,需快速多点进入火场,全线展开,快速扑救,达到速战速决。

4. 夹击式:火势较大,或难于扑救的火线、火头,集中力量,从两翼开始夹击火头,直至在火头前端衔接。若火场横向距离长,交通不便无法从两侧进入时,从一侧突破,部分消防队员横穿火场,实现两侧夹击。

(二)根据火环境灵活采取扑火战术

1. 突出重点:火场前方有油库、仓库、旅游景点、村屯等重要设施或大片幼林时,应重点扑灭火头,同时安排扑救力量驻守重点部位,预留充分水源与供水线路;前方有农田、道路、河流或已开设防火隔离带时,可视为死火头。

2. 火势降低后的扑火:(1)在地空配合灭火中,地面消防队员迅速赶赴化学灭火药带两端扑灭减弱的地表。(2)火势大时,不准直接扑救,应在火头前方安全距离处(结合火势发展与风速估算,并预留充分的紧急情况),用割灌机、无齿锯或其他工具清除地表可燃物开辟一条隔离带,待火蔓延到隔离带地段火势急剧减弱时快速扑救。(3)用专用机具往火线上扬土或用森林灭火水枪往火线上喷水,待压低火势后扑打。

3. 利用地形条件扑火:(1)林区小路、小河沟或由上山火变成下山火,可快速扑救。(2)疏林中高强度火进入密林前,应抓紧时间扑救。(3)可燃物载量少或潮湿地段,应迅速将小火或断条火线扑灭。

4. 利用有利时机扑火:(1)深夜低温(前提是具有良好的照明条件、熟知地形地貌、无大风或突发风向变化天气、有熟悉的进攻线路、编组行动)或清晨出现露水,需集中力量扑打。(2)火场中出现风向转变时,应在瞬间迅速扑灭火线。(3)顺风火变逆风火,应迅速扑打。(4)升温、风大后出现散点林火,应快速出动逐个扑灭。

(三)利用灭火机具叠加扑火

1. 一般火线,用1～2台风力灭火机在前面扑灭明火,再用一台灭火水枪,一把2号工具或铁锹在后面清理余火。

2. 当火势大时,采用风力或风水灭火机双机或多机,后面的风机手为前面风机手吹风(水)降温,几台风力或风水灭火机同时开机形成下、中、上立体风柱,压住火头。

(四)利用迎面火

1. 对直接扑打困难的火线,前方又有重要保护目标、地形复杂、火线长且弯曲，应在统一指挥下点迎面火扑救。可在林草结合部或草地机翻生土带，喷洒化学阻燃剂或喷水等方法开设隔离带，或通过人为控制火烧法开设取直隔离带，作为点迎面火的屏障；对山坳中燃烧猛烈的火，应通过开隔离带后点迎面火等方法使林火“上不翻山，下不过沟”；采用水屏障时，必须具有充足的水源、可靠的供水装备和管线。

2. 可燃物载量大，火强度高的急进树冠火，不能直接扑打，应采用点迎面火的方法扑救。

六、森林火灾扑救的基本技术

森林火灾随环境条件变化而变化。扑救时应按类别选择一种或几种扑火方法，并选用灵活的扑火战术。

（一）原始林

1. 低强度火：用地面直接灭火法，直接使用以水灭火战术，或运用分兵合围战术。

2. 中、高强度火：在这种火环境中，常出现地下火、地表火和树冠火交织在一起。高强度火应采用地面间接灭火、大流量以水灭火、以火灭火、航空灭火等灭火法。利用地面和森林航空消防配合（地空配合）战术。火场兵力不足时，应侧重扑打火尾、火翼，待增援队伍到达后实施分兵合围；在干旱条件下，必须彻底清理周边地下火。

（二）大片人工针叶林

1. 低强度火：采用地面直接灭火法，直接使用以水灭火战术，或运用分兵合围战术。

2. 中、高强度火：采用地面间接灭火法，运用分兵合围、利用迎面火战术。重点防守主风带蔓延过来的火头，迅速扑灭林内多个火点。对坡度大的林地，应在火头前一定距离开设从山脊到山脚间隔离带，并逐段进行“梳形”点迎面火（地面间接灭火、以火灭火）。针叶林火灾发生飞火时，应立即扑灭。

（三）大片阔叶林

1. 低强度火：采用地面直接灭火法，运用分兵合围战术。也可以采用大面积点迎面火，只要火环境适宜，点迎面火在东北、内蒙古林区可获得营林用火的效果。

2. 中、高强度火：以间接灭火为主，运用灵活的扑火战术。用打、烧结合和原有（临时）开设的阻隔带控制火势，分割火场等作为重点扑救措施。若火线长，弯曲度大，应采用梯形点烧灭火，达到对整个火场的控制，直至彻底熄灭。

（四）经济林

应用地面直接灭火法和分兵合围战术。道路条件较好地段，应采用消防车喷水或喷液(灭火药剂)灭火。

(五)竹林

1. 低强度火:采用地面直接灭火法和分兵合围战术。

2. 中、高强度火:利用地面间接灭火法和灵活的扑火战术。应充分利用竹林周边与灌木林、农田、道路连接的条件,可通过人工迅速开设隔离带,再点迎面火或让其自然阻截火头。

(六)森林、草原毗邻地带

1. 火未从草原进入林地:沿林地边缘往草地方向点迎面火。风往林外刮,应一段接一段点迎面火;风往林内刮,采取"抽条式"点迎面火。

2. 火已进入林内:应采用直接或间接灭火法和分兵合围战术。应首先扑灭林内多个火头,再扑打各条火线。

(七)林、农交错地段

利用地面直接灭火法和分兵合围战术,同时要利用火场周边农田、道路、河流等有利自然条件,隔离、堵截蔓延的火头。火向无隔离带林地蔓延方向应作为扑救重点,必要时可点迎面火。

(八)边境地区

应采用以火灭火方法为主,同时采用打、烧结合。风往对方刮,应一段接一段点火,前一段火线往前蔓延 10～15 m 后,再点第二条火线,点迎面火最近距离不得少于 50 m;风往我方刮,应采用"抽条式"点火法。特殊地质条件,如火山灰地区(吉林省长白山中朝边界防火带)不能点迎面火,应直接扑打。

(九)沟塘

沟塘火强度高,且多来势凶猛,应采用地面间接灭火法和点迎面火战术。不应直接接触火头,应采用迂回灭火,待有条件时,在火头前百米左右点迎面火或喷洒化学灭火药剂。蔓延到沟塘两侧山坡时,应及时扑灭。

(十)地下火

干旱年份,可燃物含水率低,过火林地有效可燃物数量大,并形成地下火。确定地下火范围应插标定界,采用挖防火沟法灭火,沿火线外围挖沟(沟宽度 50 cm,深度到土壤的母质层)。

(十一)高山峡谷森林

地形险峻和保护对象特殊,扑救时要全力投入。无论低强度火或中、高强度火,都必须采用机降、索降、吊桶和航空化学灭火法,同时做好地面和森林航空消防配合(地空配合)。没有森林航空消防设备的林区,应采用点迎面火的方法和战术,最终将火限制在某一地段,达到上不越岭、下不过沟的目标。

(十二)特大森林火灾

应统筹全局,并建立前线指挥部和分指挥部,及时确定扑救重点方位和地段，灵活调动扑火队伍，并建立预备队，应对特殊事件。若出现飞火，应及时扑灭；山火接近村屯时，无论能否进村屯，均应首先开设（加宽）火场内村屯的防火隔离带；若来不及开设隔离带时，应采取点迎面火保护村屯。灭火时应综合运用各种方法（地面直接灭火、地面间接灭火）和战术（根据火环境灵活采取扑火技术、利用灭火机具叠加效果、利用迎面火等）。有森林航空灭火能力的林区，应及时采用化学灭火、机降、索降和吊桶等各项技术。只要天气条件具备，应采用人工增雨灭火技术。

（十三）林区高危险地段（油库、炸药库、电站、工厂、国家森林公园中的景点等）

应在火进入该地段前，迅速选择灭火方法（地面直接灭火、地面间接灭火）和灭火战术（根据火环境灵活采取扑火技术、利用灭火机具叠加效果、利用迎面火等）中最适应、最有条件的灭火方法和战术进行扑救。重点开设四周防火隔离带：(1)若设施外围按要求已开设防火隔离带，可采用拖拉机、推土机在外侧加宽，或往外点迎面火。(2)若设施外围没有隔离带，应立即在设施外 50～100 m 处用大型机械或索状炸药开设 50 m 以上生土带，并应及时在生土带外点迎面火。(3)若大火已烧进该危险地段时，应按人、财产、森林资源顺序进行抢救，并应及时采用森林航空消防技术进行灭火。

七、森林火灾的火场清理方法

清理火场应做到“三分扑，七分清”。明火扑灭后，应进行火场清理。对原始林和采伐迹地的火场，清理力量应加强。若火场面积大，应安排足够人员参加清理。

消防救援队伍参加森林火灾扑救，应充分调动地方森林火灾扑救力量参加火场清理。

（一）火场清理方法

明火扑灭后的火场有水源，应采用消防车、手抬机动泵、背负式消防泵等车辆装备清理火场，做到火烧迹地全覆盖；无水地段，应用风力灭火机沿火场边缘将可燃物吹向火烧迹地，或用土埋法；非常干旱时段，用耙子、铁锹往火场内方向刨出 2 m 宽生土隔离带，达到火线至火烧迹地内 10～50 m 处无明火、无暗火、无烟。

（二）清理火场的重点

下风头是清理重点，清理范围为距火场边缘 10～50 m；站杆倒木等重型可燃物多的地段若有燃烧的站杆必须用油锯放倒。

（三）特殊火场的清理

暗火（隐燃火）可在地下枯树根里，泥炭层中；也可在腐朽木、站杆、活树的死枝或树洞里；还可通过飞火落在火场外的站杆、倒木上。火场清理时应采用人工或余火巡检仪等探火设备逐段仔细巡查，彻底清除。

八、森林火灾的火场验收方法

明火扑灭后，指挥员必须亲自沿火场边线检查一圈，大火场应指派专人分段检查，确保全线无明火、无暗火、无烟清理标准。若在高火险时段，火场要经过大风日晒后，确保无余火复燃，才能验收。

消防救援队伍参加森林火灾扑救，应对所承担的火场范围进行严格细致的检查验收，达到验收标准后，要向地方森林防灭火指挥部负责人员进行移交，并由相关负责人签字确认。

九、森林火灾的火场撤离方法

撤离火场时应分批，并保证留有足够控制火场的人员，留守时间应根据当时火环境等条件确定。

第三部分 “以水灭火”扑救操法

一、林区水源地建设

我国虽然是少水国家，但大部分林区气候相对湿润，水系相对发达，为以水灭火提供了天然优势条件。随着我国公路建设及林区防火道路的不断推进，林区交通和路况逐渐改善，加之装备的不断更新发展，利用林区固定消防设施来保障水源供给和加强水源地建设是首要选择。

1. 蓄水池（桶）：在森林内或林地附近人工建造的供固定或移动消防水泵吸水供水的储水设施。在初期森林火灾中，当远程供水泵组供水距离较远、消防移动水源不足时，可第一时间满足消防救援队伍或地方扑火队的灭火需求，在中后期亦可作为消防移动供水的中转设施使用。

2. 泵房：担负森林火灾消防供水任务，具备取水、送水、加压等任务，可将储水设施或天然水源的消防用水通过沿路消防管道等输送至室外消火栓等前端用水设备。

3. 山顶水箱：在海拔较高的山顶地带，为防止消防管路末端压力不足，设置山顶水箱，利用重力自流供水，以满足初期高海拔林区灭火供水需要。

在森林火灾扑救过程中，消防救援队伍携行装备、车辆可以通过防火通道直接抵达火场，占据防火隔离带、防火沟等林火阻隔工程为灭火阵地，利用蓄水池、泵房、室外消火栓等固定消防设施，结合远程供水泵组等移动力量开展灭火行动。

二、森林火灾扑救水泵灭火技术应用

（一）三段式灭火技术

在水泵灭火实战中，主要采取“三段式”灭火技术：一是利用天然水源段，在火场附近寻找水源，尤其是南方火场，水源较多，可直接利用；二是远程供水段，如果火场周围没有水源，可利用远程供水系统或消防水罐车进行供水，输送到移动贮水池中，再实施水泵灭火；三是火线灭火段，可实施水泵直接灭火，也可实施水枪和高压细水雾取水灭火。三段式水泵灭火形成一个完整的灭火系统，分工明确，运行有序。其特点是灭火速度快、清理效果好、人员投入少、扑救质量高、不易复燃、有效射程远、灭火安全彻底，达到一次性彻底灭火的目的。

2020年5月9日，云南省禄丰县发生森林火灾，在扑救过程中，水泵灭火发挥了较大作用，充分利用附近水源，发挥了水泵灭火的优势，取得了较好的灭火效果。

(二)直接灭火技术

直接灭火主要指利用火场及其附近的水源或远程供水的水源，架设水泵、铺设水带、连接水枪向火场供水或射水灭火的方法。在灭火作战中，应根据火场形状、火头大小、火线长短及蔓延速度，林火种类和位置风向、风速来确定水泵架设方法和水带铺设路线。根据火强度的大小确定灭火位置。根据林火种类确定喷枪类型，分为直流水枪和开花水枪。分别适用于扑打地下火和树冠火，在扑救地表火和清理火场时使用开花水枪为宜。扑救树冠火或阻截火头时，可采取多枪头集中灭火；扑救地下火时应采取“Z”字形的射水方式向腐殖质层进行注水；清理火线时水枪手应由火烧迹地的边缘开始向内逐渐清理。如果和其他机具联合作业，灭火效果会更显著。以基本应用技术区分，主要有四种形式：

1. 单泵应用，如图3-1所示。主要适用于面积较小、火势发展缓慢，以稳进地表火为主的火场。要根据火场地形、附近水源以及火场发展具体形势进行分析判断，选择距离水源较近、主要火头或主要发展方向的火线为突破口，采取单人单泵一根水带架设和4～5人一组六根水带架方式，利用水带和中继蓄水池，迅速将水输送至火线。也可正接“Y”形分水器，然后，在分水器的两个接口连接水带和水枪，实施合力攻打火头或从两翼合围灭火。

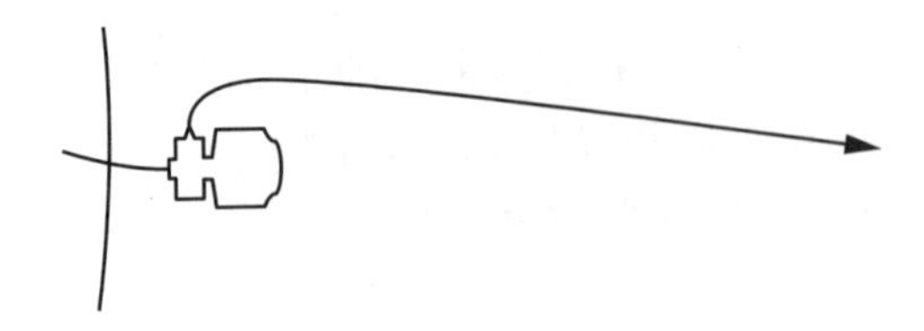

图3-1　单泵架设示意图

2. 串联泵(接力)应用，如图3-2所示。串联连接方法就是将两台或两台以上水泵一字形直线连接。此种方法通常适用于坡度在30度以下的地形。主要适用于较大火场，自然水源距火线较远，水泵供水压力不足，以稳进地表火为主的火场。选择主要火头或主要发展方向的火线为突破口，利用多泵多水带串联的架设方式，在保证水压的基础上，将水快速输送到火线，对火场主要火头或主要蔓延发展的火线进行射水扑打。当水源条件受限时，可以利用消防车运水与水泵输水相结合的办法组织实施。

3. 并联泵应用，如图3-3所示。并联连接方法就是将两台水泵同时在水源处同时作业，通过集水器相连，此种方法通常适用于坡度在45度以下的地形。主要适用于输水量不足，需要更强水压或远距离喷射的火场，此时常常采用多机并联的架设方式，保持高水压、高射程，迅速压制火头并灭火。

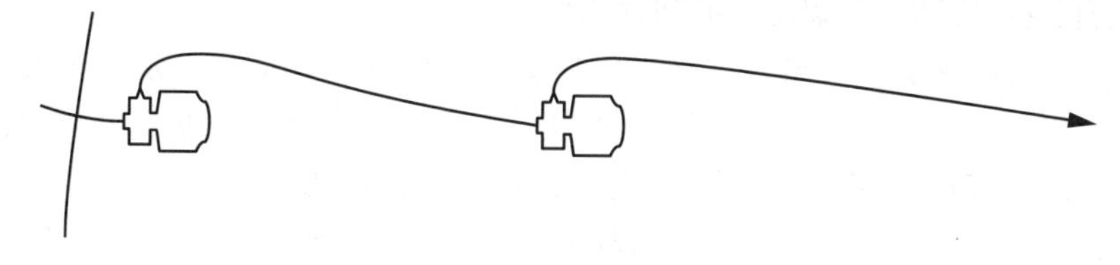

图 3-2 串联泵架设示意图

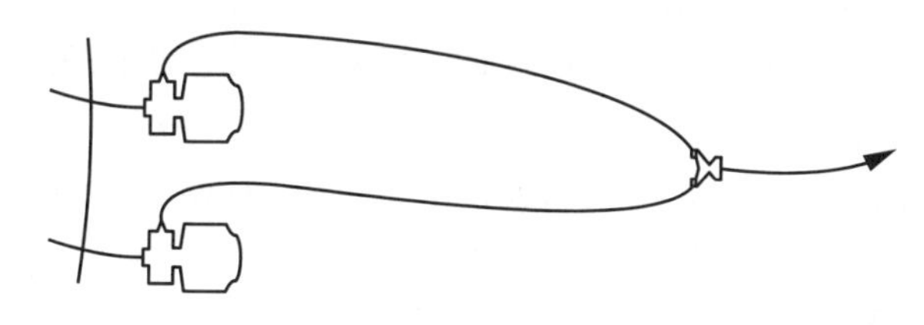

图 3-3 并联泵架设示意图

4. 并串联泵应用，如图 3-4 所示。并串联连接方法就是在并联方法无法满足灭火供水需要时，在适当位置再架设一台或多台水泵形成并串联。此种方法通常适用于坡度 45 度以上的地形。主要适用于水源离火场较远，供水水压和供水量都达不到要求时的火场，此时结合串联与并联的特点，可在并联架设的基础上，在适当位置连接一台或多台水泵形成串联进行接力输水，既保证远程输水，又保证高水压、高射程，达到扑灭火灾的目的。

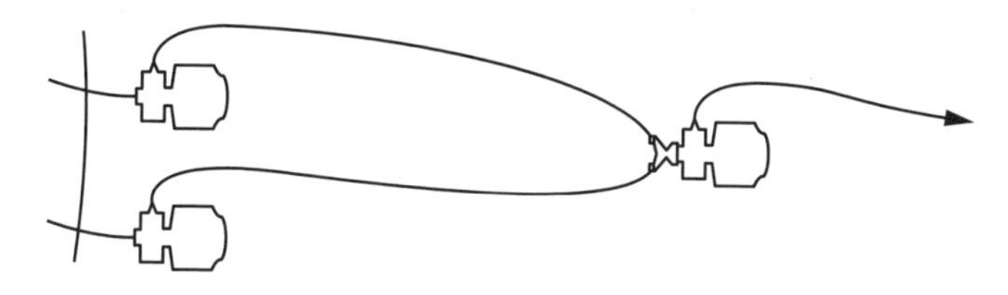

图 3-4 并串联泵架设示意图

此外，再架设并串联泵灭火至输水距离极限时，可利用变径方法延长输水距离，也可利用远程供水泵组、水罐消防车和直升机供水，将水输送到火场边缘原先设置的中继蓄水设施中，以满足前方灭火供水需求。

三、优化火场力量部署

将消防直升机、水罐消防车和大功率远程供水泵组等重型装备向中、高强度火线部署，将便携性水泵向低强度火线部署，形成火场高、低灭火力量的合理部署，最大限度发挥不同装备以水灭火的最大效能。

四、以水灭火操法与测试数据

近年来，以水灭火技术在森林火灾扑救中得以推广和应用。从灭火实践来看，以水灭火可以迅速扑灭和降低火势，灭火效果明显且不易复燃。我国目前以水灭火技术手段主要有航空以水灭火、消防泵灭火、消防车灭火、水枪灭火以及人工增雨等几大类。除人工增雨外，其他以水灭火方式都离不开水源的支持，因此供水能力的强弱是以水灭火技术成功与否的关键。

供水灭火的战术战法是最贴近江苏，特别是苏中、苏南实际情况的灭火效率最高的战术战法。但其受水源、供水线路、地表形态等因素限制较大，在使用时必须与其他战术战法搭配，方能达到高效灭火的目标。

下文所述的供水方式，无论利用远程供水泵组、消防车，还是手抬机动泵、背负式消防泵，均需根据实际情况灵活使用。

(一)远程供水泵组供水线路铺设

1. 基本含义：利用远程供水泵组，选择大容量水源点向火线前方的消防车、手抬机动泵、消防水囊或手抬机动泵供水，或直接出水灭火。

2. 运用时机：火势立体发展、快速蔓延的火场，或压制火头时。使用远程供水泵组，必须具备大容量水源点(河、湖、大面积池塘等)、相对宽阔且不受火势威胁的水带铺设线路，陡坡、悬崖、容易受到火势威胁的部位，不适用远程供水泵组铺设供水线路。

3. 主要优势与不足：主要优势在于可以为火灾扑救提供大容量水源，可用于重点部位的长时间保卫。不足之处在于，一是山路铺设远程供水泵组较困难，速度慢、难度大，极难抵近火线，必须与其他水力装备搭配使用；二是苏北部分地区水源较少，远程供水泵组的供水距离普遍在1～3 km，适用性较低；三是一旦使用远程供水泵组，一般会作为火场主要供水方式，此时供水线路若受到火势或倒塌的站杆、滚石等威胁，将极大影响前方扑救进度、威胁人员生命安全。

4. 主要测试数据：测试点位于常州市武进区太湖湾城湾山。依托常州武进太湖湾取水点，沿武进区太北路铺设远程供水线路至城湾山东侧入山口。入山口海拔高度98 m，相对高度90 m，供水距离1.8 km，供水压力1.0 MPa，出口压力0.25 MPa。供水线路铺设完毕后，组织精干力量，采取“以水灭火、压制火头”的战法，沿火头两翼，阻击火头，如图3-5所示。

(二)向消防车供水出枪灭火

1. 基本含义：利用远程供水泵组或手抬机动泵、背负式消防泵向消防车供水，消防车出水枪灭火。

2. 运用时机：普遍运用于多种类型的森林草原火灾扑救。向消防车供水出枪灭火，阵地必须设置便于消防车行驶和撤离的山路，灭火时车头要朝向便于撤离的方向，行驶路线不能出现滚石、站杆和其他威胁消防车安全的因素；供水线路不能受火势威胁，否则消防车将陷于极度危险境地；不能位于各类容易发生风向突转的山谷、鞍部、山脊等部位，必须具有稳定的供水来源。

图 3-5 远程供水泵组供水线路铺设

3. 主要优势与不足：向消防车供水出枪灭火，意义在于消防车作为以水灭火的中转点和终端动力源，能够对其他部位运送至火线前方的水源进行加压，对于扑救树冠火、地表火、地下火等均有适用性。不足之处在于，一是绝大部分消防车不具备山地越野功能，只能将阵地设置在公路或隔离带上，若交通管控不及时，容易堵在路上、无法前进或撤退；二是一旦火势蔓延至消防车附近、形成树冠火、并发生风向突变，消防车及其乘员极易受到火势威胁；三是水带延伸距离有限，对于长纵深、大距离火场无法起到快速扑救火灾的作用；四是复杂地形的出水压力损失较大，一旦出水达到一定距离，出口压力无法支撑扑救树冠火所需的射程和扬程，反而将拖累整个扑救进程。

4. 主要测试数据：测试点位于常州市武进区太湖湾城湾山。出水距离 350 m，海拔高度 125 m，相对高度 27 m，消防车出口压力 0.9 MPa，65 mm 口径出口压力 0.6 MPa，射程 18 m，如图 3-6 所示。

图 3-6 向消防车供水出枪灭火

(三)利用消防车向消防水囊供水出枪灭火

1. 基本含义:通过消防水囊架设水源中转点,利用手抬泵或背负式消防泵从消防水囊抽水灭火。

2. 运用时机:火线距离消防车泵位置较远、或火线跨度较大,消防车泵无法出水灭火的,可以利用消防水囊。

3. 主要优势与不足:在水源充足的情况下,消防水囊理论上可以无限连接和使用,能够有效延伸供水线路。不足之处在于,一是容易受到火势威胁,导致供水线路中断;二是水囊连接点越多、风险越高、水力损失越大;三是水囊容量越高、自身重量越大,需要越野车辆搬运进山;四是崎岖山路和陡坡、悬崖等部位,容易发生水囊滚落,连带整个手抬机动泵及其供水线路被拉扯下山,甚至发现连带性人员伤亡。

4. 测试数据:测试点位于常州市武进区太湖湾城湾山。远程供水泵组向消防车供水,再利用消防水囊、手抬泵接力出枪灭火。利用远程供水泵组 80 mm 水带 150 s 注满;水囊容量 3 t,距离消防车 300 m,海拔 120 m,相对高度 22 m;手抬泵功率 33 kW,出口压力 0.7 MPa,利用 40 mm 水带出枪灭火,射程 17 m,如图 3-7 所示。

图 3-7 利用消防车向消防水囊供水出枪灭火

(四)消防车、手抬泵耦合供水出枪灭火

1. 基本含义:利用远程供水泵组向消防车供水,再利用手抬泵耦合供水出枪灭火。

2. 运用时机:火线距离消防车泵位置较远或火线跨度较大,前方灭火对水流量、扬程、射程要求均较高,消防车无法及时出水灭火的,可以利用车泵耦合供水灭火。

3. 主要优势与不足:在水源充足的情况下,车泵结合能够有效延伸供水线路,最大限度保障前方灭火流量与压力。不足之处在于,一是线路越长越容易受到火势威胁,一旦供水线路中断,前方扑救人员生命安全将受到严重威胁;二是手抬机动泵连接点越多、风险越高、水力损失越大；三是崎岖山路和陡坡、悬崖等部位，容易发生手抬机动泵因运行抖动导致基座不稳、滚落悬崖，连带整个供水线路被拉扯下山，甚至发现连带性人员伤亡，如图 3-8 所示。

图 3-8 消防车、手抬泵供水出枪灭火

4. 主要测试数据：测试点位于常州市武进区太湖湾城湾山。消防车出口压力 0.7 MPa，手抬泵距离消防车 120 m，海拔高度 110 m，相对高度 12 m，手抬泵进口压力 0.2 MPa，出口压力 0.8 MPa；65 mm 口径水枪出水距离 270 m，海拔高度 120 m，出口压力 0.6 MPa，射程 18 m。

（五）手抬泵耦合供水出枪灭火

1. 基本含义：利用手抬泵从水源地吸水，与其他手抬泵耦合连接，末端手抬泵出水灭火。

2. 运用时机：火线距离消防车、远程供水泵组距离较远或火线跨度较大时，可以采用手抬泵耦合供水出枪灭火。

3. 主要优势与不足：在水源充足的情况下，泵泵结合能够有效延伸供水线路，最大限度保障前方灭火流量与压力。不足之处在于，除了具有长距离中转供水灭火所有的不足之处外，手抬泵耦合供水对操作人员的技术要求较高，需要充分考虑相对高差对不同泵组之间产生的压力差，一旦压力不平衡，容易导致泵组损坏，且一旦一组泵组损坏，其他泵组均无法使用，整条线路会陷于瘫痪，需要严格控制泵组数量，如图 3-9 所示。

4. 主要测试数据：测试点位于常州市武进区太湖湾城湾山。1 号手抬泵利用已建蓄水池吸水，与 2 号手抬泵耦合连接。2 号手抬泵距离 1 号手抬泵 140 m，两者海拔落差 30 m，1 号手抬泵出口压力 0.7 MPa，2 号手抬泵进口压力 0.2 MPa，出口压力 0.8 MPa。65 mm 口径水枪出水距离 300 m，海拔高度 120 m，出口压力 0.7 MPa，射程 19 m。

图 3-9　手抬泵耦合供水出枪灭火

(六)利用背负式消防泵耦合供水出枪灭火

1. 基本含义:背负式消防泵是深山、密林、小型水源地或自挖水源地常用的消防泵,可直接从水源地引水、沿山坡铺设水带出水灭火。

2. 运用时机:适用于初发火场面积较小和呈稳进地表火发展蔓延态势的中小规模火场的扑救,需长距离、高扬程供水灭火以及火场清理、看守等环节。

3. 主要优势与不足:在手抬泵取水困难的情况下,可以直接用背负式消防泵建立源头泵、耦合连接供水或就地挖坑取水、利用背负式消防泵供水出枪灭火。对江苏省来说,几乎所有地区均可就地挖坑取水,对操作人员数量要求不高、使用机动灵活、扬程较高。不足之处在于,一是不适用于急进地表火、树冠火等较大火势的扑救;二是操作人员需要随身携带油料,油料本身具有易燃易爆等危险性。

4. 主要测试数据:测试点位于常州市武进区太湖湾城湾山。利用手抬泵和五个背负式消防泵从城湾水库直接引水,沿山坡在山脊线西北侧设置水枪阵地,出水距离 300 m,海拔高度 60 m,40 mm 口径出口压力 0.8 MPa,射程 25 m。如图 3-10 所示。

图 3-10　利用背负式消防泵耦合供水出枪灭火

第四部分　其他常用扑救操法与扑救思路

一、一点突破，两翼推进

（一）基本含义

林火的蔓延呈线状，森林扑火队伍由一点突破火线，兵分两路沿火线扑打前进，直至歼灭林火。

适用于初发火场面积较小和呈稳进地表火发展蔓延态势的中小规模火场的扑救。

（二）运用时机和把握要点

火势相对较弱，林火处于初发阶段。突破点应选择在植被相对稀疏、火势相对稳定的地段突破。

（三）主要优势与不足

主要优势：一是参加扑火人数相对较少，便于灭火行动展开；二是初发阶段火势较为稳定，林火强度小，蔓延速度相对较慢，危险性小；三是直接灭火，扑打清理彻底，不易复燃；四是便于指挥和火场观察，有利于突发情况的处置。主要不足是投入扑火力量相对较少，如火场气象条件发生较大变化，不易应对。

二、两翼对进，钳形夹击

（一）基本含义

火场形成带状或扇面状火线，火尾自然熄灭，扑火队伍选择两翼进入火线，相向夹击林火。因攻击形状形似钳状，故称“钳形夹击”。这是采取直接灭火的一种常用战法。

（二）运用时机和把握要点

在高山峡谷坡度较大的山林地，时常出现火尾或两翼地段火线自然熄灭的现象，使火场出现时断时续，极不规则的火线，采用此方法灭火十分有效。此方法适用于扑打燃烧速度相对较慢的上山火和下山火。

（三）主要优势与不足

主要优势：一是该方法针对性强，灭火效果好；二是避开危险环境，安全系数大；三是扑火队伍扑火展开快捷，可机动灵活采取多种战术手段；四是火场如出现多条断续火线，投入足够扑火力量可按此战法同时展开行动。主要不足：如火场风力加大或遇特殊地形，火线形成蔓延速度快的一个或多个火头时，扑火队伍在较短时间内很难实现成功夹击,同时对灭火人员的体能要求较高。

三、全线封控,重点打击

(一)基本含义

对不宜采取直接手段灭火的较大规模火场,首先选择在火场外围部署足够扑火力量,对火场形成封闭态势,控制林火在预定范围内燃烧,整个火场在掌控之中,进而寻找有利时机,组织扑火,逐步扩大灭火效果,同时要对林火蔓延主要方向和威胁重点目标安全的森林火灾实施重点围歼。

(二)运用时机和把握要点

林火在山势陡峭、林木茂密、灭火人员无法攀登的危险地域燃烧;火场外围部分地段有道路、河流、农田等自然阻隔带,便于扑火队伍机动,对无天然阻隔的地带要采取开设隔离带等方法实现封闭;在林火发展的主要方向要加强力量,以保证对威胁重点目标安全的林火实施有效打击;根据林火燃烧强度变化适时采取直接和间接两种手段灭火,必要时也可实施全线点烧。

(三)主要优势与不足

主要优势:一是林火在控制范围内发展,扑火队伍灭火作战主动性增强,战术运用自如;二是林火对扑火队伍的威胁减小,安全系数增大;三是可以做到以逸待劳,人员体力消耗少。主要不足:一是森林过火面积和森林受害面积在一定程度上会增加;二是全线封控要求投入扑火力量较多,调动和协调指挥难度增大。

四、穿插迂回,递进超越

(一)基本含义

针对火场面积较大、火线较长、扑打困难,或因地形、可燃物燃烧性和含水率等的变化,产生了较多断续火线的火场。为提高灭火效率,扑火队伍从火烧迹地内直接穿插至其他火线,迂回向前实施灭火,或视情从火线内外超越,选择一处火线向前扑打,每完成一段向前超越一段。这是一种采取直接手段灭火的常用战法,可与"一点突破,两翼推进"等战法同时使用。

(二)运用时机和把握要点

投入火线扑火力量较多,扑火队伍在一点或一线展开灭火效率低时;中强度以下地表火,可燃物较为稀疏或分布不连续的火线时;火线较长,可燃物载量大,清理困难时。穿插路线、方向选择要准确,确保安全、快捷。指挥员要随时观察火场情况,防止遭遇林火袭击、倒木砸伤和地下火烧伤;超越距离不宜过长,一般要保证在短时间内能够实现首尾相接;递进超越的扑火队伍应对扑灭火线进行反复清理,以防死灰复燃。

(三)主要优势与不足

主要优势:一是控制范围增大,可有效抑制林火扩展;二是灭火效率高,一次扑打清理和超越队伍反复清理，复燃可能性小；三是各扑火队伍相互协同配合，激发扑火热情；四是协同作战，相互支援，便于一线组织指挥。主要不足：一是穿插受现地条件影响较大，如组织不力会存在一定安全隐患；二是如超越距离过长或迂回接应不及时，会增加后续队伍扑打和清理难度，火场气象一旦突变，林火失控，将严重威胁超越队伍及后续队伍安全。

五、利用依托，以火攻火

（一）基本含义

针对不易直接扑救的高强度林火，形势危急或采取直接灭火手段无法在要求的时间内保住重点目标安全时，以道路、河流、农田等限制进展地带为依托，点烧迎面火，有效阻止大火发展蔓延，亦称“火攻战法”，是在极其被动的情况下主动出击的一种作战方法。

（二）运用时机和把握要点

一般在扑救高能量火、扑救威胁灭火人员和重点目标安全的林火以及在特殊地形条件下为提高灭火效率时采用。使用的前提是必须有可靠的依托条件，如时间允许可开设依托；点烧准备要充分，包括对时间和气象的判断，装备机具的性能、灭火力量的强弱等情况要清楚，做到知己知彼；要求指挥员指挥果断、组织严密，参战人员要配合默契。

（三）主要优势和不足

主要优势：一是成功点烧可收到事半功倍的灭火效果；二是可有效保护重点目标安全，防止造成更大的损失；三是灭火人员体能消耗小，但对意志和胆量是一个考验。主要不足：一是对作战指挥要求高，点烧的时机把握至关重要，如出现失误，危险性极高；二是必须要有良好的依托条件，人工开设依托一般困难较大。

六、预设隔离，阻歼林火

（一）基本含义

在林火发展的主要方向，提前开设防火隔离带，林火烧到该地段时，火强度自然降低，速度骤减，部分火线熄灭，从而有效阻止林火发展，扑火队伍乘势扑灭火灾。

（二）运用时机和把握要点

人力无法直接扑救的高能量林火或因地形、植被等影响无法接近火线时，在林火发展的主要方向开设隔离带。一般选择在山脚，亦可在山间小路、小溪一侧开设、加宽隔离带。开设隔离带要有一定时间保证，宽度要视所处地形和林火强度而定，开设方向要与林火发展主要方向垂直。

(三)主要优势和不足

主要优势:一是危险程度小;二是灭火效率高;三是人员集中,便于组织。主要不足是受气象因素影响较大,如对林火发展态势判断有误,火头改变推进方向,则会造成事倍功半。

七、地空配合,立体灭火

(一)基本含义

利用飞机空中喷洒化学灭火药剂或直升机吊桶洒水,有效降低林火强度和发展蔓延速度,地面扑火队伍利用这一有利时机,集中力量直接扑打清理火线,消灭林火。

(二)运用时机和把握要点

现阶段主要在较大规模的火场上使用,而且空中打击仅限于主要火头或扑火队伍无法抵达的地带。使用这一战法要求空中打击目标要准确,地面跟进配合要及时,迅速抓住有利时机组织灭火。

(三)主要优势和不足

主要优势:一是空中打击对扑救树冠火效果最佳,对灭火头、切火线作用最大;二是灭火效率明显高于地面的平面作战;三是降低林火对地面作战人员和重点目标的威胁。主要不足:一是空中打击精确程度不高;二是空中力量的使用受天气等客观因素影响较大;三是空中打击难以彻底熄灭余火,必须实施地面配合。

第五部分　森林火灾扑救安全要点、危险情况与紧急避险

一、九种危险地形环境

通过现地勘察，空中观察，卫星监测等多种手段，全面掌握火场情况。特别是火场地形、植被、气候和火行为等要素。正确判断火势发展，科学预见意外风险，坚决防止误入险境。

(一)陡坡

陡坡会自然地改变林火行为，火向山上燃烧时，所产生的热辐射、热对流促使树冠和坡上可燃物加速预热，使火强度增大，蔓延速度加快。大大提高了辐射热能向上山方向的传播。因此，越过山顶(山脊线)直接向下接近火线或者沿山坡向上，逃避林火都是极其危险的，如图5-1、图5-2所示。

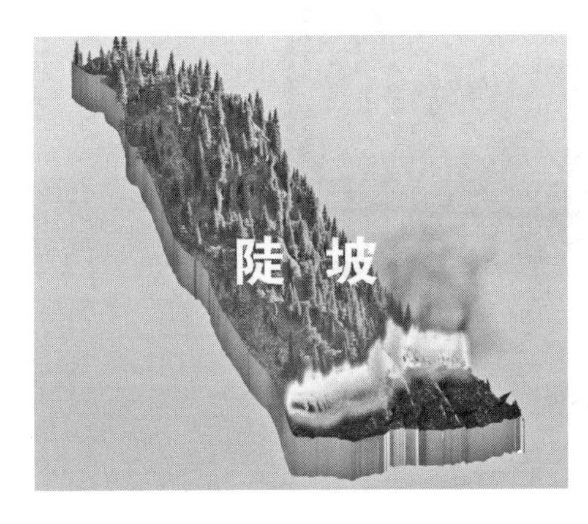

图5-1　陡坡模型(3D)

图5-2　陡坡(剖面)

(二)山脊

山脊线受热辐射和热对流影响，温度极高；同时由于林火使空气升温，空气沿山坡上升到山顶，与背风坡吹来的冷空气相遇，从而形成飘忽不定的阵风和空气乱流，使林火行为瞬息万变，难以预测，如图5-3、图5-4所示。

图 5-3　山脊模型(3D)

图 5-4　山脊(平面)

(三)山谷

山谷是典型的危险地域,当通风状况不良、火势发展缓慢时,会产生大量烟尘并在谷内堆积,形成大量一氧化碳,易造成消防员窒息或一氧化碳中毒。随着时间的推移,林火对两侧陡坡上的植被进行预热,热量逐步积累。一旦风向风速发生变化,火势突变会形成爆发火、火旋风和火爆,灭火人员处于其中极难生还,如图 5-5、图 5-6 所示。

图 5-5　山谷模型(3D)

图 5-6　山谷(平面)

(四)单山谷口

三面环山、只有一个进口的“葫芦峪”形山谷,其作用如同排烟管道,为强烈的上升气流提供通道,很容易产生爆发火,如图 5-7 所示。

图 5-7 单山谷口(平面)

(五)鞍部

鞍部因受两侧山体影响,形成“漏斗”状的通风口,风从鞍部通过时速度会成倍增加。鞍部受昼夜气流变化的影响,风向不定,是火行为不稳定而又十分活跃的地段。若主风向与鞍状山谷平行,必将产生强度高、蔓延速度快的林火,如图 5-8、图 5-9 所示。

图 5-8 鞍部模型(3D)

图 5-9　鞍部(平面)

(六)草塘沟

草塘沟是指林地内或林缘集中分布有杂草的沟洼地形。草塘沟地势平缓、开阔,是林火蔓延的“快速通道”,沟内通常为细小可燃物,它连续分布、载量大。林火在草塘沟燃烧时,火焰高、强度大、蔓延快、扑救困难、危险性大,同时会向两侧山坡蔓延,形成冲火,如图 5-10 所示。

图 5-10　草塘沟(3D)

(七)山岩凸起地形

由于地形条件特殊,产生强烈的空气涡流。林火在涡流作用下,易产生多个分散、方向不定的火头。在此类地形上,主要以易燃灌木和残次林为主,燃烧强度大,危险性较高,极易造成灭火人员被大火围困和袭击,如图 5-11、图 5-12 所示。

图 5-11　山岩凸起地形(3D)

图 5-12　山岩凸起地形(平面)

(八)山体滑坡及滚石较多地域

高山地区的地质疏松、岩石裸露风化区域,因林火燃烧释放热量,造成岩石受热膨胀松动,易发生山体滑坡和滚石下落,危及消防员的人身安全,如图 5-13、图 5-14 所示。

图 5-13　山体滑坡及滚石多发区域(3D)

图 5-14　山体滑坡及滚石较多地域(实地拍摄)

(九)合并地形

岩石裂缝、鞍状山谷和山岩凸起地形是林火蔓延阻力最小的通道。若三种地形条件和陡坡并存,会使火焰由垂直发展改为水平蔓延,受热空气传播速度加快,导致火行为突变,易发生伤亡,如图 5-15 所示。

图 5-15　合并地形(平面)

二、高度警惕三种植被类型

(一)灌木丛集中连片的植被

灌木丛林多由草本植物和易燃乔木构成,可燃物燃点低,蔓延速度快,释放能量迅速,加之林内密度大,人员行走困难,透视性不强,危险性极大,遇到此类植被区域,要本着选稀不选密,选湿不选干的原则,能避开就不突进,能绕开就不穿行,能间接扑打就不直接扑打。

(二)可燃物垂直连续分布的植被

林火在此类植被燃烧,可迅速蔓延到树冠,形成立体燃烧的树冠火,如遇大风天气,极易产生飞火、火旋风、爆燃等极端林火行为,造成火势突变,近距离扑打,势必造成人员伤亡。

(三)可燃物载量大的林地植被

通常情况下,当森林有效可燃物载量增加 1 倍时,火灾蔓延速度就会增加 1 倍,火强度就会增加 4 倍。当林火从可燃物较少的地方蔓延到可燃物较多的地方,火灾蔓延速度和强度就会突然增大,威胁灭火人员的安全。

三、高度警惕五种林种

(一)草本可燃物

草本植物燃点低、燃烧速度快、释放能量迅速,易造成人员伤亡,如图 5-16 所示。

图 5-16　草本可燃物

(二)易燃灌木丛

易燃灌木丛密度大、人员行走困难,燃烧强度高,进入此地域,易出现伤亡,如图 5-17 所示。

图 5-17　易燃灌木丛

(三)针叶幼树林

针叶幼树林可燃物分布蓬松，且富含油脂，易产生立体燃烧，威胁人身安全，如图 5-18 所示。

图 5-18　针叶幼树林

(四)梯形可燃物

梯形可燃物是指异龄级的各种林地，火一旦烧入很容易产生树冠火形成立体燃烧，对人身安全构成威胁，如图 5-19 所示。

图 5-19　梯形可燃物

(五)高山竹林

高山竹林火焰燃烧强度大、火势凶猛，极易发展成为立体火，扑救难度大，容易造成人员伤亡，如图 5-20 所示。

图 5-20 高山竹林

四、高度警惕十七种危险环境

(1)在火场外宿营时;(2)接近火场时;(3)附近有火而看不到火时;(4)周围烟尘大而不知火的方位时;(5)当有火从头上飞过,可能引起新的火点时;(6)距火场较近,对火场情况不明时;(7)夜间灭火,对灭火环境不明时;(8)进入山坳地带时;(9)在陡坡及峭壁附近灭火时;(10)气温越来越高时;(11)风速越来越大时;(12)风向多变不定时;(13)在没有依托地带,采取间接灭火手段时;(14)迷失方向时;(15)灭火机具操作不当时;(16)丛林作战遇到野兽时;(17)12～16 时午间和午后高温时。

五、尽可能避开三个危险时段

(一)风力超过 5 级的时段

风不仅能加快可燃物水分蒸发,加速干燥而易燃,同时还能不断补充新的氧气,加速燃烧过程。通常,火场风力每增加 1 级,火头蔓延速度就会增加 1 倍,如风力增加到 5 级,火灾就会失控。

(二)地形险要地带的夜间时段

夜间由于视距不良,能见度低。灭火人员对火场周围地形缺乏准确判断,如夜间在地形险要地带灭火,极易发生坠崖摔伤、滚石砸伤、倒木伤人、误入火坑等险情。

(三)中午高温时段

中午通常气温最高,湿度最低,可燃物含水量最少,森林最易燃烧,林火蔓延速度最快,特别是 12 时至 16 时,是森林灭火的高危时段,在气温较高的夏秋两季,一般不宜直接灭火。

六、及时规避四种特殊林火行为

(一)飞火

高能量火形成强大的对流柱，上升气流将正在燃烧的可燃物带到高空。在风的作用下，落在火头前方形成新的火点。飞火的传播距离往往是几十米，几百米，甚至是几千米。飞火越多，预示林火越猛烈。当发现飞火时，必须尽快撤离，转移到安全地带。

(二)火旋风

在燃烧区内强烈的热量和涌动风流结合，形成的高速旋转的火焰漩涡，火旋风直径从不足1米到数百米，高度为1米到一千多米，上升速度可达80 km/h，水平移动速度可达40 km/h。火场一旦发生火旋风，将加大火灾的热释放速率，引起火头和热流方向突变。甚至引发飞火、火爆，会对灭火人员生命安全带来严重危害。

(三)火爆

高强度林火通过辐射或对流，向蔓延方向的未燃可燃物，输送大量的热能。使其干燥和预热，并在火头前方形成大量飞火或火星雨，从而引发爆发式全面燃烧，或者在火场一定区域内，许多小火持续燃烧。能量积聚到一定程度，爆发式联合形成一片火海的现象。火爆发生时，大片森林瞬间剧烈燃烧，火场面积迅速扩大，极易造成人员被大火围困。

(四)爆燃

火场某一空间内，积聚有大量可燃气体时，当风将空气不断补入进行供氧，与其中的可燃气体混合后，突遇明火引起的爆炸式燃烧，通常会出现巨大火球、蘑菇云等现象。爆燃多发生在狭窄山谷，单口山谷等较为封闭式的特殊地形，具有突发性和偶然性，瞬间爆发，温度极高，威力极大。如灭火人员身陷其中就难以脱身，极易造成群死群伤。

七、森林火灾扑救造成消防员伤亡的直接因素

(一)高温灼伤

主要是热烤、烧伤和烧死。高温会引起灭火人员大量出汗，在极端高温条件下，每小时可消耗2 L水分。如果得不到及时补充，或热辐射使体温升高2 ℃，就可能产生中暑现象，危及人身安全。灭火人员在火焰烧伤中失去战斗力和死亡的主要原因是热负荷过度。热负荷过度类似中暑，但发生的时间过程要短得多。高温吸入式烧伤是由于吸入高温气浪造成呼吸道神经麻痹导致的伤亡，是最为常见的高温伤害之一。

(二)一氧化碳中毒

一氧化碳是燃烧不完全的一种产物。它直接危害人体健康,其危害程度依停留时间和浓度而定。森林火灾中,每千克可燃物可产生 10～250 g 一氧化碳,暗火产生的一氧化碳比明火要大 10 倍。扑救森林火灾时,灭火人员如长时间在高温和浓烟状态下工作,可能会引起一氧化碳中毒。主要症状是呼吸困难、头痛、胸闷、肌肉无力、心悸、皮肤青紫、神志不清、昏迷。一般中毒往往需要较长时间才能恢复正常状态,严重的可导致死亡。

(三)烟尘窒息

林火产生的烟尘对消防员的生命威胁极大。它常使人迷失方向,辨别不清逃生路线,造成呼吸困难,往往因浓烟将人呛倒而被火烧伤烧死。呼吸高温浓烟会使喉管充血、水肿,使人窒息死亡。

(四)其他因素

主要是指被站杆、倒木、吊挂木、滚石等砸伤,误入地下火坑烧伤,掉入坑洞摔伤和被树茬扎伤以及被虫蛇咬伤等非火袭击因素造成的伤害。

八、容易造成伤亡的几种主要情形

(1)顺风逃生;(2)向山上逃生;(3)迎风扑打火头;(4)在草塘及灌木丛中避险;(5)在枯立木较多区域灭火;(6)对林火行为的变化判断失误;(7)没有建立安全避险区;(8)浓烟熏呛和高温烤灼;(9)由山上向山下接近火场。

九、森林火灾火场紧急避险

森林火灾发生后,受地形、植被、气象等因素影响,火势瞬息万变,险情难以预料,面对突如其来的险情,能否做到成功脱险。关键在于如何科学有效应对和处置。为使灭火人员免受突然变化的高强度林火袭击而采取的紧急应对措施称为森林火灾的紧急避险。它关系到灭火人员和人民群众生命安全,是实现灭火作战安全高效的重要保证。

(一)紧急避险的特点

1. 高危性。森林燃烧会释放大量能量,许多可燃物能产生高达 200 ℃以上的地面温度,并能轻而易举地产生 1 000 ℃以上的空气温度,再加上热辐射和热对流的影响,对人身安全威胁很大。

2. 突发性。造成突发性的主要因素有气象、地形、植被三个方面,这些变化会造成火行为的突然变化,火强度会瞬息加大,对灭火人员造成伤害,如不能及时采取有效的处置方法,后果不堪设想。

3. 复杂性。森林火灾多在连续干旱和大风天气条件下引发,有时会形成地表火、地下火和树冠火立体燃烧,火强度大、蔓延迅速,灭火人员难以接近。加之林火行为极易突变，火情复杂，灭火队员避险处置困难。

(二)紧急避险的方法

1. 主动规避险情。

(1)进入火烧迹地避险。在接近火线、开进途中、宿营休息时，若被大火突然袭击，无法实施转移时，可充分发挥灭火装备多弹、多机、多具的组合效益。采取多批量、多梯次的办法强行打开缺口，迅速进入火烧迹地避险。灭火战斗中，当风向突变，火强度增大，难以直接扑打或遭火袭击时，应立即进入火烧迹地，并迅速组织人员，清理火烧迹地内剩余可燃物，进一步扩大安全区域，并派出安全员或观察哨密切关注火情变化。

(2)进入预设安全区域避险。灭火作战前，灭火人员应当对灭火作战区域，安全风险进行整体评估。针对可能出现的险情，预先选定或开设安全避险区，确保在火势突变时，灭火人员能够立即进入，安全区域实施有效避险，安全避险区通常应选择在植被稀少，地势相对平坦，距火线较近且处于上风向的有利位置。坚持“宁大勿小”的原则，同时要彻底清除安全区域内可燃物，排除安全隐患，并派出观察哨密切关注火场动态。

(3)点火避险。有两种方法：一是点迎面火避险，在遭大火袭击或包围时，来不及转移到安全地带，但附近有道路、河流、农田、植被稀少的林地等有利条件可作依托，且有一定时间准备，可迅速组织向火袭来的方向点烧迎面火，然后人员进入火烧迹地避险。二是点顺风火避险，如火场周围没有依托条件，或虽有依托条件，但不具备点烧迎面火的时间或距离时，迅速组织点烧顺风火，并顺势进入火烧迹地内避险。点烧时，风力灭火机手以弱风跟进助燃，水枪手清理火烧迹地内较大的火点或倒木，灭火弹手集中灭火弹，随时准备对袭来的火头实施压制，力争在较短时间内，烧出较大的避险区域，确保灭火人员在火烧迹地内安全避险。

(4)避开高危火环境避险。灭火作战中要主动避开危险地形、危险时段、危险植被类型和危险火行为。遇有高强度地表火、树冠火，通常不要轻易接近火线，火场局部产生火爆、火旋风、飞火时，不宜直接灭火，在密灌丛中和复杂地形条件下灭火时，不要盲目接近、扑打，应注意观察火场情况，主动避开 12 时至 16 时高温大风时段。

2. 被动规避险情。

(1)冲越火线避险。在以上几种避险方法都不具备的情况下，被火包围时，可以选择地势较为平坦、植被较为稀疏的位置，迎火冲越火线避险。有关研究表明，当火焰温度为 1 000 ℃时，人可以有 18 s 的挣扎时间，最少有 9.5 s 的活动时间。一般的森林火灾温度在 800 ℃左右，以百米(5 m/s)的速度冲越火线，可以跑出 122.5 m，最少可以跑出 74.5 m。排除地形复杂、视觉影响以及身体劳累等情况，可以跑出 30 m。而正常发展的火线厚度，很少超过 20 m，冲越火线避险是可行的。

(2)卧倒避险。在冲越火线避险各种条件都不具备的情况下,方可采取卧倒避险。一般情况下,遇火袭击时,林火行为极其复杂,大量浓烟会影响队员判断力,盲目冲越极有可能导致人员始终在沿火线奔跑,一直处于危险环境中。此时应选择地势相对平坦、植被较为稀疏的地域,卧倒避险。卧倒避险会被大火烧伤,但是可以最大限度减少烧伤部位和烧伤程度。

(3)使用防护器材避险。在采取以上诸多避险方法的同时,要使用防火服、头盔、眼镜、披肩、手套等一系列防护装备。使用防护器材避险贯穿于避险始终,要充分利用好装备性能,最大限度确保安全。

(4)快速转移避险。灭火行动展开后,遇有风向突变,风力较大,灭火人员无法以人力控制火势,人身安全受到严重威胁时。如火场附近存在有利地形或撤离路线且时间足够,应立即组织灭火队员,快速转移至安全地带避险。撤离转移关键是选择好路线,白天要防止因烟雾弥漫误入险区,夜间要防止因视线不良坠崖摔伤。

(5)利用有利地形避险。当林火威胁人身安全,无法实施点火避险时,灭火人员应有效利用附近河流、湖泊、沼泽、耕地、沙石裸露地带,火前方下坡无植被,或植被稀少地域等有利地形实施避险。

(6)利用防护器材冲越火线。在其他避险手段不能使用时,灭火人员应利用防火服、头盔、面罩、手套等防护装具,选择火势较弱,地形相对平坦的部位,逆风迎火强行冲越火线,进入火烧迹地避险。冲越前按要求穿着防护装具,冲越时要用湿毛巾捂住口鼻,快速冲越火线。

十、火场安全注意事项

(一)注意气象条件及其变化

干旱时间越长,植被和空气越干燥,温度越高,林火燃烧蔓延速度越快,危险性就越大。通常相对湿度在75%以上不会发生森林火灾,55%~75%可能发生森林火灾,55%以下可能发生大火,30%以下可能发生特大火灾。每天中午气温最高,湿度最低,可燃物含水量最少,森林最易燃烧,林火蔓延速度最快,最不容易扑救,最容易造成灭火人员伤亡。通常在防期内每天12时至16时,是灭火危险时段,特别是14时左右是高危时段。通常火场风力每增加一级,火头蔓延速度就会增加一倍。如风力增加到5级,火灾很容易失控。同时,在风向不稳定、地面有尘旋等不稳定的气象条件下灭火,也会导致灭火伤亡事故发生。

(二)注意可燃物类型、载量及其变化

通常情况下,草本类最易燃,蔓延速度最快,因此扑救草地火造成人员伤亡往往大于林地火。灌木林地火蔓延速度仅次于草地火。幼林特别易燃。郁闭的

中龄林，透视性很差，不能轻易进入林内直接灭火，应采取间接灭火方式。林内火的蔓延速度较慢，当林内火蔓延到林缘或灌木林地、草地，火灾蔓延速度就会突然加快，危险程度加大。森林可燃物含水率越低、载量越大，火灾蔓延速度越快。通常当森林有效可燃物载量增加1倍，火灾蔓延速度就会增加1倍，火强度增加4倍。当火灾从可燃物较少的地方蔓延到可燃物较多的地方，火灾蔓延速度和强度就会突然增大，威胁灭火人员的安全。

（三）注意地形的变化

坡度、坡向、坡位等地形因素的变化，会影响温度、湿度、风速、风向等气象因素的变化，土壤干湿度的变化，植被种类和生长状况的变化，从而影响林火行为的变化。坡度越陡，上山火的蔓延速度越快，下山火则相反。通常坡度每增加5度，上山火蔓延的速度就增加1倍。坡向不同，发生森林火灾的可能性和燃烧蔓延速度就不一样，灭火的安全程度也不一样。一般南坡大于西坡，西坡大于东坡，东坡大于北坡。在陡峭的峡谷地带、鞍部、单口山谷往往形成高温、大风、浓烟环境，灭火人员容易被大火包围，极易发生险情。

（四）注意因地形引起的地形风

山地常形成越山、绕山、反山和上升气流。越山气流是风越过山脊而形成的气流，绕山气流是风吹过孤山时形成的气流，这两种气流易造成火旋风；反山气流是风越过山脊，在山的背坡形成的反向地形风，易加快迎风坡下山火的蔓延速度；上升气流是由热气流、地形或突出部位而形成的，它会加快上山火的燃烧速度和强度。此外，在不同地形还会产生山风、谷风、峡谷风、渠道风和海陆风，使火场环境愈加复杂，加大扑救难度，易造成安全事故。

（五）注意观察烟情变化

林火燃烧一般会产生大量烟尘，可根据不同的烟情来判断火行为的变化。一是黑（灰黑）烟，主要分为两种情况：一种是出现在密闭度大的松林，由于可燃物油脂含量较高，一般是形成了树冠火；另一种是出现在草塘沟的黑烟，多是可燃物载量比较大、燃烧不充分，这种情况，通常无法直接扑救，危险系数较高。二是白烟，多是林下杂草、枯枝树叶或潮湿的草塘燃烧形成的，一般是可燃物载量不大、燃烧较为充分，这种情况比较有利于直接扑救，但是当白烟浓度较大时，要谨防发生危险。三是混合烟，多发生在植被种类较多、密闭度不高的树林或沟谷，是林木和地表的杂草共同燃烧所形成的混合烟，扑救时要观察烟浓度和地形等因素。四是青烟，多为明火熄灭后余火所产生的烟，不可掉以轻心，要注意防止发生复燃给灭火人员安全造成威胁。

（六）注意火行为的变化

受气象、植被和地形等因素的综合作用，会产生一些特殊的林火行为，严重威胁灭火人员安全，预判可能会发生或遇到了特殊林火行为，要立即采取有力措施坚决规避。一是飞火，即高能量火形成强大的对流柱，上升气流将正在燃烧的可燃物带到高空，在风的作用下，落在火头前方形成新的火点，发现飞火时，必须尽快撤离，转移到安全地带。二是火旋风，是指在燃烧区内强烈的热量和涌动风流结合形成的高速旋转的火焰旋涡，火场一旦发生火旋风，将加大火灾的热释放速率，引起火头和热流方向突变，甚至引发飞火、火爆，会对灭火人员生命安全带来严重危害。三是火爆，是指高强度林火通过热辐射或热对流向蔓延方向的未燃可燃物输送大量的热能，使其干燥和预热，并在火头前方形成大量飞火或火星雨，从而引起爆发式全面燃烧，或者火场一定区域内许多小火持续燃烧，能量积聚到一定程度，爆发式联合形成一片火海的现象。火爆发生时，大片森林瞬间剧烈燃烧，火场面积迅速扩大，极易造成人员被大火围困。四是爆燃，是指火场某一空间内积聚有大量可燃气体时，当风将空气不断补入进行供氧，与其中的可燃气体混合后，突遇明火引起的爆炸式燃烧，通常会出现巨大火球、蘑菇云等现象。爆燃多发生在狭窄山谷、单口山谷等较为封闭式的特殊地形，且有突发性和偶然性，瞬间爆发温度极高，威力极大，极易造成灭火人员群死群伤。

（七）注意其他意外伤害

火场意外伤害主要指灭火作战中，非火袭击等因素直接造成的伤害。一是受火烧、风化、水蚀、人为活动等因素影响，造成陡坡土质疏松、岩石松动、滚石较多，威胁灭火人员安全。二是原始林或相较复杂次生林内的高大树木上常悬有吊挂木(俗称“树挂”)，灭火人员要注意吊挂木突然掉落伤人。三是在未抚育或未清理的林地内，站杆(枯立木)倒木、粗大可燃物较多，灭火人员要注意防止砸伤。四是扑救地下火时，因火在地下腐殖层或泥炭层内燃烧，通常表现为地表层草本植物脱水枯黄或个别地段地下火遇地表断面即将转为地表火时产生烟雾。灭火人员要注意及时观察周围环境变化，防止不慎掉入“火坑”，造成伤害。五是在陡坡灭火时，避免因滚落、踩空造成伤害。六是在林内行进时，要防止掉入坑洞和被树茬扎伤。七是在丛林中行动时，要注意禁食有毒植物、菌类等，同时避免被野生动物袭击。

十一、不同阶段的安全工作要点

（一）准备阶段的安全工作

1. 受领任务后，指挥员应及时搜集火场信息，分析灭火安全形势，制定防范措施，安排留守力量，严格落实责任。

2. 灭火队员检查维修车辆和灭火装备，及时消除安全隐患，确保技术状况良好。

3. 由指挥员组织有针对性的安全教育，明确注意事项，提出具体要求，增强防范意识。

(二)机动行进阶段的安全工作

1. 摩托化开进时的安全工作。

(1)机动前,组织车辆安全性能检查,发现问题及时处理,严禁带故障出车。

(2)严禁人装混载,严禁挂车、平板车等非载人车辆乘载人员和超宽、超长、超高、超重装载物资。

(3)装备物资装载必须采取捆绑、挤靠措施固定,易燃易爆物资必须分开装载,做好密封。

(4)技术专家等特殊人员条件允许时应当分车乘坐,其他人员应按指定车辆、顺序和位置乘坐。

(5)严格落实行车安全管理制度,各车应指定车长(带车干部)乘坐副驾驶位置;安全员乘坐在靠近上、下车位置;观察员乘坐在车辆尾部,并落实安全责任。

(6)加强对驾驶员安全教育与管理。严禁酒后驾车,及时制止违章驾驶行为。驾驶员要自觉遵守道路交通法规,安全、文明驾驶。所有乘车人员必须系好安全带。

(7)车辆行驶时,乘员不得将身体探出车窗外,或随意向车外抛弃物品;乘坐半封闭或敞篷运输车时,人员严禁站立、躺卧和嬉笑打闹、吸烟等。

(8)车辆编队行驶时应保持队形,未经允许不得脱离编队行车或超车。单车行驶时,应选择快捷安全路线或按上级规定路线行驶。严禁擅自改道。

(9)要控制车速,保持车距,严禁空挡滑行。遇有不良天气或通行条件差的路况,要降低车速,增大车距。通常情况下,梯队行进时,高速公路车速不超过80 km/h,车距不少于100 m;普通公路车速不超过60 km/h,车距不少于60 m;砂石路、林区防火公路及运材路、高原林区盘山路最高车速不超过50 km/h,车距不少于50 m。单车行进时,高速公路车速不超过110 km/h;普通公路不超过80 km/h,县道不超过60 km/h。夜间行进高速公路车速50～60 km/h,车距不少于80 m;普通公路车速30～40 km/h,车距不少于50 m;其他等级较低的道路,车辆应当减速慢行。

(10)通过人行横道、十字路口、铁路道口以及人群密集等区域时,必须降低车速,认真观察,安全通过。严禁在视线不良的弯道超车,严禁会车时超车,严禁超越正在超车的车辆和强行超车。

(11)进入连续下坡路段前,应停车检查制动系统,下坡时应正确使用淋水刹车或发动机制动,未加装淋水刹车系统或不具备发动机制动功能的车辆、行驶适当距离后,应停车检查制动情况。遇有车辆故障,应当立即开启危险报警闪光灯,带车干部迅速报告梯队指挥员,同时车辆减速停靠在应急车道或者道路右侧不妨碍交通的地方,保持危险报警闪光灯开启状态,并在来车方向设置警告标志、扩大示警距离(高速公路上警告标志应当设置在来车方向150 m以外),车上人员应当迅速转移到右侧路肩上或者应急车道内，驾驶员检修车辆，梯队指挥员通知收容修理车辆协助抢修，故障排除后再组织跟进。

（12）通过塌方、危桥等路段时，应提前注意观察；必要时，停车勘察路况或组织乘车人员下车徒步通过，确认安全后快速通过。

（13）当车辆失控时，果断采取抢档、驶入避险车道或利用隔离栏、山体等坚固物体摩擦停靠，避免人员伤亡和财产损失。

（14）经过抢修的车辆必须达到安全行车标准，严禁带故障行车，牵引制动系统故障车辆，必须使用硬牵引，严禁使用绳索等软牵引。

（15）车辆加油时，必须关闭发动机，严禁在加油现场吸烟和使用无线通信设备。

（16）遇道路结冰时，应降低车速，安装防滑链，做好安全措施。

（17）机动途中，按照规定时间组织休息，及时检查车况；未经允许，人员、车辆不得离开，并派出警戒；大、小休息时，车辆停靠在道路右侧或者指定地点，人员离开道路，在指定地域休息，驾驶员检查车辆。

2. 铁路输送时的安全工作。

（1）装载安全。装载前，应在装载地域派出警戒力量，清理装载现场无关人员。列车编组时，将载人车辆编在列车中部，将载物车辆编在列车头部和尾部，将装载危险品的车辆与机车、尾车和载人车辆隔开。装载物资按照先难后易、先重后轻、先大后小的顺序平衡、整齐摆放，防止倒塌，装备的定位和捆绑加固必须符合有关技术规定。装载车辆时，驾驶员必须按引导员正确的指挥手势平稳操作，保证车辆停放位置准确。装载后的车辆内严禁乘员。风力灭火机、油锯、发电机等灭火装备内不得存放油料。通常除人员及随身携带物品外，客车、代客车不得装载其他物资装备。列车内无照明条件时，使用无火灯具照明。在雨雪天气装载时必须采取防滑措施，夜间装载要架设照明设备。装载完毕后，梯队长应会同车站负责人全面检查验收，发现问题及时处理。

（2）乘车安全。列车梯队全体人员熟记列车车次、上下车号令、各类警报信号、人员乘坐位置和装备物资装载位置。按照指定路线列队进出车站，穿越铁路轨道时指派专人指挥，严禁从车底通过。遵守铁路规章，爱护铁路设施设备，严禁扳动铁路道岔、车钩、手闸、制动阀和信号等设备。车厢内不得悬挂笨重物品，严禁电台等通信设备的天线伸出车外。运行途中，人员不得将身体探出车外。严禁攀登车厢顶部或者平车装载的装备顶部。

（3）运行安全。列车在主要车站停车时，梯队长应提前与车站负责人联系，了解有关停靠站点情况；停车时间较长时，值班员应及时派出警戒，组织检查装备的装载和捆绑加固情况，发现问题及时处理。特殊情况下，人员需下车就餐或执行其他任务时，由梯队长统一下达命令；车厢长指挥上下车，组织人员在规定的路线和范围内活动，并安排留守人员；返回车厢后，值班员要及时组织清点人数并向梯队长报告。输送途中，列车需要进行分列、合列时，人员不得上下车；调车完毕后，值班员应当检查装备物资的装载和捆绑加固情况，发现问题及时处理。列车遇意外发生事故，造成人员伤亡或者装备物资损失时，梯队长应当迅速组织力量救治伤员，采取措施减少损失和保护现场，向上级和车站负责人反映情况，做好人员伤亡和装备物资损失情况的记录，必要时留人处理，其余人员随列车继续前进。对输送途中不便继续乘行的危重伤病员，梯队长应当协调就近安排医院救治，并留人护理和做好善后工作。发生人员漏乘时，梯队长应及时向列车长或者车站负责人通报漏乘人员姓名、漏乘地点和列车车次；漏乘人员应当与车站负责人联系，凭车票或者车站负责人开具的证明乘车归队。

3. 空中输送时的安全工作。

(1)装载安全。必要时，应在装载地域派出警戒力量，清理装载现场无关人员。装载的风力灭火机、油锯、发电机等灭火装备内不得存放油料，并将装备外表油污擦拭干净。直升机装载时，严禁装运燃油、灭火弹等易燃易爆物品；装载砍刀、油锯等锋利装备时，要对锋刃部分进行妥善包裹，并放置在尾舱门处。严格按机型确定装载重量，严禁超载，要按顺序整齐、平衡摆放，适当捆绑固定。严禁超过红色标志线。

(2)登(离)机安全。应当组织进行相关安全常识学习，开展登(离)机训练。要组织人员在指定位置等待登(离)机指令，严禁随意走动。积极配合民航或机组人员的安全检查。机运队(组)长应组织人员按规定路线和顺序登(离)机，严禁从上坡或尾翼接近(离开)直升机，乘小型直升机时应低姿接近和离开，防止被旋翼伤害。登(离)机时，要固定好帽子、旗子等易飘浮物品，防止被旋翼券起造成事故。离开舱门后，向飞机左(右)侧安全区集合；直升机起飞时，人员蹲下、装备平放；起飞后人员方可离开安全区。登(离)机后，要及时清点人员，向队长或机长报告。

(3)飞行安全。乘坐客机(直升机)严禁吸烟和使用可能干扰飞行的通信器材等，系好安全带。飞机滑行或遇有气流颠簸时，严禁在机舱内站立、走动。严禁搬动飞机上的设施设备和随意打开舱门、紧急出口、开关、按钮等。遇有紧急情况，严格按照机组人员指挥使用救生设备器材，打开紧急出口舱门。

4. 水路输送时的安全工作。

(1)装载安全。应当组织队伍开展乘船安全常识教育训练。指挥员应当会同船长对船艇进行安全检查，指定安全员和观察员，并落实安全责任、派出警戒力量，清理装载现场无关人员。装载时，按照先底舱、后甲板的顺序装载，易燃易爆品应分开装载；车辆尽量沿首尾线纵向停放，严禁超出船体。

(2)乘船安全。按照指挥员及乘务人员指定的顺序和位置乘坐。遵守船艇载重和定员规定，严禁超载。

(3)运行安全。按规定穿着救生衣，掌握救生、消防设备使用时机和方法，严禁随意挪用和损坏船艇内的救生、消防设备。严禁人员在船上随意走动，将身体探出船舷外，坐在栏杆上。严禁擅自进入驾驶舱。

5. 徒步开进时的安全工作。

(1)行进前，应当明确编成、携行装备、行进时间及路线，对人员进行安全教育，提出安全要求，落实安全措施。

(2)行进时，应当随时清点人员和装备，保持通信联络畅通；必要时、派出勘察和收容组，及时发现和处理各种情况；未经带队指挥员允许，严禁擅自脱离行进编队。

(3)在机动车道和人行道混合通行的道路行进时队列靠右行进，注意避让车辆。

(4)通过危险路段时，应当派出观察哨，发现异常立即停止前进确保安全后快速通过。

(5)草原、荒漠、山林地机动时，应当使用卫星定位仪、指北针等器材。随时准确掌握所处位置和目标位置。

(6)热带、亚热带丛林行进时，应当采取防暑、防疫措施，随时做好防毒虫、野兽袭击应对准备。

(7)夜间行进时，应当携带照明设备，配备方位灯；增加清点人员和装备次数，单人行进距离保持在 2 m 以内；遇有路障，要及时传递提示口令。

(8)途中休息时，通常按照规定时间组织。小休息时，应当选择在车流量较少、利于观察路段，靠道路右侧保持原队形休息，并派出警戒；大休息时，应当离开道路，选择安全地域休息，并派出警戒。休息时，指挥员应当明确休息时间、地点、活动范围，提出安全要求，加强人员管理；休息结束后，应当及时清点人员和装备。

(三)实施阶段的安全工作

1. 火场侦察及部署力量时的安全工作。

(1)到达火场后，应派出地面侦察组或空中观察组，携带必要的安全装备和通信器材实施侦察，掌握准确信息。

(2)在无安全把握的情况下，不得部署力量组织灭火战斗。

(3)通常情况下，不得在火头正前方近距离部署力量，确需向火头部署力量时，必须保持一定安全距离。

(4)通常情况下，不得由山上向山下直接部署力量。

(5)通常情况下，不得向梯形可燃物分布明显、易燃灌丛密集地域等危险地形部署力量，必要时预设安全区域或者选好安全撤离路线。

(6)不得派缺乏实战经验的指挥员单独带队指挥灭火作战。

(7)组织接近火场前,应检查安全防护装备携带和穿戴情况。

2. 扑火队员行动安全。

(1)扑火队伍应有组织从火尾、火翼位置进入火场,严禁迎火头进入;严禁从山谷及顺风侧坡火后下方、上山火的上方和翻越马鞍型进入火场;严禁直接扑打高强度、地形复杂火头;严防被火包围。

(2)高山峡谷地区,严禁夜间扑火。

(3)扑火或看守火场时,需离开火场,应有两人以上,并携带通信和定位设备。

(4)遇到地下火场,首先应探明其范围,避免误入将要塌陷的火坑。

(5)夜间行走时,必须配备照明设备,人员应保持适当距离,防止火场中风倒木、陡坡上的活动石块等伤人。

(6)紧急撤离火场时,指挥员若无法使用无线通信设备时,应采用预先确定的信号通知扑火人员,如吹哨、鸣枪,或用高功率灯光示意等,以便有组织有秩序地快速撤离。

(7)扑火队员随时避险与自救。扑火中,应始终贯彻"以人为本,科学扑救,效益优先"的原则。

①若遇到危及扑火队员安全时,应放弃扑救。禁止在距火线 20 m 内给风力灭火机加油。应防止过度疲劳引起的头痛、恶心,或在高温下作业造成晕倒;应防止浓烟熏呛,产生中毒、窒息、休克。

②不能直接扑打的火线,绝不允许死打硬拼。遇有下列情况,应避让火头。

迎面来的火焰高度超过 3 m 的急进地表火或树冠火;上山坡的冲火;易燃可燃物载量达 8～12 t/hm^2,火焰高度超过 3 m;火线像"火墙"一样向扑火人员推进;4～5 级大风,且风向不定,蔓延速度超过 10 m/min;火头宽度超过 2 m,火焰高度 1.5～3 m 迅速向扑火人员蔓延;险峻陡崖或跳石塘中的山火;扑火最危险的时间为 13 时前后;特殊因素不允许扑火的地段。

③扑火队伍严禁进入易伤亡地段。

即将发生或已发生上山火烧的山坡;前面有大火,后面是陡坡无退路;孤独的山头,火从四面烧来;急进地表火从两山夹一沟中顺风蔓延沟腹或沟口;马鞍型山的山峪沟堵;三面环山的沟底;陡坡、乱石灌丛杂草中,大火烧来行动不便的地段;大面积的草塘或向阳山坡地段。

④扑火队员的自救。

进入火场,知道附近有山火,但无法看到它的主体和判断火的行为时,应特别防备火从无法确定的方向袭来。应牢记扑救森林火灾的八项要素:天气是主宰,风向是关键,地形是根据,植被是根源,安全有退路,隐患要当心,通信要畅通，指令要明确。若与大火遭遇，且无法扑打时，禁止沿火头顺风方向跑，应根据具体情况顶风突围或斜顶风朝火势较弱的火头侧后方转移。若与大火遭遇来不及转移时，应就地点火自救，走在自己用火烧过的地块避火，或就近选择沙滩、河沟、农田、岩石、裸露地等地面避火。遭遇大火无避火环境时，应选择可燃物稀少地带，并快速脱下外衣罩身卧倒，将叠成多层的湿毛巾捂住口、鼻贴地。若大火烧到身旁，且不具备任何避火条件，应保持头脑清醒，就地俯卧，口鼻贴地，有意识地往外吐气或憋气 5～10 s，待火从身旁烧过后，再用衣包头，就地打滚将衣服上的明火熄灭，等待救助。

3. 直升机机降、索降部署力量时的安全工作。

(1)机降(索降)场地选择。机降场地，应当选择在地势平坦、坡度不超过 50 度的开阔地带。原则上 K-32 型、M-171 型、直 8 型等中型直升机机降场开设面积不小于 60 m×40 m，伐根不高于 10 cm。M-26 型直升机机降场开设面积不小于 100 m×60 m。树高大于 25 m 时，开设面积应适当增加清除机降场地附近的吊挂木。索降场地，应选择在火场风向上方或侧方，避开林火对索降队员的威胁，能见度不小于 10 km，风速不超过 8 m/s，气温不得高于 30 ℃，林窗面积不小于 10 m×10 m，坡度小于 40 度，且不得有影响索降的障碍物；严禁在悬崖峭壁上索降。

(2)机降(索降)部署力量时，禁止在火头正前方近距离部署力量；大风天气下，按火尾、两翼、火头顺序依次部署。机降时，通常对稳进地表火距顺风火线部署力量最近距离不少于 700 m，侧风火线不少于 400 m，逆风火线不少于 300 m；对急进地表火距顺风火线最近距离不少于 900 m，侧风火线一侧不少于 700 m，逆风火线不少于 500 m。索降时，通常对稳进地表火距顺风火线部署力量最近距离不少于 800 m，侧风火线不少于 500 m，逆风火线不少于 400 m；对急进地表火距顺风火线最近距离不少于 1 000 m，侧风火线不少于 800 m，逆风火线不少于 600 m。

(3)索降时的安全工作。索降前，应对索降设施和器材进行安全检查，及时排除隐患。索降队员身体、心理不适时，严禁索降作业。服从指挥，严禁擅自靠近舱门。

(4)索降离舱时，控制好摆动幅度。

(5)索降后应正确使用手势报告情况并观察其他队员索降情况。

(6)严禁吊挂人员飞行。

4. 接近火场时的安全工作。

(1)在便于观察的位置派出火场安全观察员，建立通信联络。

(2)应当避开危险地形和危险可燃物分布区域，以防大火袭击。

(3)随时注意风向、风速和火势变化，防止被火突袭。

(4)指挥员必须检查扑火队员防护服装穿戴情况。

(5)选定安全撤离路线和避险区域。

(6)遇有险情,应果断组织队伍迅速避险。

(7)情况不明不盲目接近火线;不从山上向山下接近火线;不从悬崖、陡坡接近火线;不从山口、鞍部接近火线;不逆风迎火头接近火线;不远距离从密灌、从林地接近火线。

5. 扑灭明火时的安全工作。

(1)指挥员应掌握火场态势,按照"把握最佳时段、选择最佳地段、运用最佳手段"原则严密组织灭火战斗,明确任务分工、协同关系和安全措施,沉着果断,冷静处置火场险情。

(2)火场安全观察员应实时观察火情,加强险情监测,适时向指挥员报告火场情况,提出扑救建议,发现险情立即报告。

(3)通常情况下,不得单人行动或者擅自脱离火线;不得迎面扑打火头,待火势减弱具备靠近扑打条件时,再从火头侧翼扑打;不得直接靠近扑打树冠火;严禁在情况不明的地下火火场内行走。

(4)在无依托条件和三级以上风力天气时,通常不得实施以火攻火;在枯立木、滚石较多区域灭火时,应当加强观察警戒;扑救高强度林火或者开设隔离带时,应当预设安全区;悬崖地段散布的火点,通常不得直接接近扑打。

(5)灭火机具加注油料时,关闭发动机后在扑灭火线的侧后方 20 m 外实施,禁止在火线附近和火烧迹地内加油;将机具外表的油迹擦拭干净,离开原地启动;经常检查加油设备密封情况;遇大火袭击时,迅速扔掉油桶和所有易燃易爆物品。

6. 清理看守阶段的安全工作。

(1)清理时,要注意火烧迹地内的站杆、倒木、地下火及滚石,尽量将未燃尽的站杆伐倒,疑有地下火的位置和易发生滚石的区域要设立警告标识,防止灭火人员误入出现意外。

(2)看守时,看守人员要防止复燃、迷山、野生动物袭击等情况发生,昼间要定时组织往复式巡回看守,夜间要采取定点看守,发现余火、烟点要及时处理。

(3)看守人员至少 2 人一组,不得单独行动,并能够互相通视,与分队时刻保持通信联络,要防止虫蛇叮咬和野兽袭击,并及时报告情况。

(4)夜间清理火场及返回营地时,应当沿扑灭火线原路返回,并使用照明器材,及时清点人员装备。

7. 使用机械装备灭火时的安全工作。

(1)使用油锯前,必须检查制动系统是否灵敏;作业时,导板前端严禁触碰岩石等硬物。

(2)割灌机作业前,必须检查锯盘固定情况;作业时,作业半径3～5 m范围内不得有人,严禁锯盘触碰岩石等硬物。

(3)使用水泵灭火时,严禁将喷头置地,以防在高水压状态下弹跳伤人。水泵发动机关闭后,禁止直接触碰消音器。

(4)使用高压水雾喷射器、脉冲水雾喷射器、灭火炮等装备时。不得枪口、炮口对人。

(5)使用森林消防车载人灭火时,严禁高速急转弯,车上灭火人员应避免刮伤和树倒伤人,夜间严禁高速行驶。

8. 宿营时的安全工作。

(1)宿营地必须选择在火场逆风的火尾方向,要求朝阳、背风、有水源的宽敞地段,若有沙滩或村屯的位置最佳;亦可选择在火烧迹地。宿营地应配备手提式发电机,有红(白)旗做标记;防止蛇、兽、毒虫侵扰;防止冻伤、风湿或取暖做饭出现一氧化碳中毒,取暖时应防止烧毁被褥引起新的火灾。宿营地必须安排人员进行安全、通信值班。宿营地可作临时修理扑火机具的场所,各类扑火机具应整齐摆放在指定位置。必须防止在做饭或启动风力灭火机时漏火酿成新火点。

(2)宿营时安全工作。预先搜集掌握宿营区域社情民情;到达宿营地后,检查宿营房舍(院落)安全情况,发现隐患应及时妥善处置,严禁在危房宿营;进行安全教育,提出安全要求,明确活动范围、设置哨位,加强人员和装备物资管理;严格用火、用电管理。防止发生火灾,室内使用煤炭、木柴取暖时,严防煤气中毒。

(3)露营时安全工作。应选择在靠近道路、河流、山脚较为开阔、方便生活、利于机动和疏散的安全地域宿营;严禁在草塘沟、低洼干涸的河床、悬崖陡坡下方、孤立大树下等危险环境宿营;应当对营地周围的枯立木、吊挂木及山坡上松动岩石进行处理;必要时,在营地周围开设一条闭合的防火隔离带;进行安全教育,加强人员管理,明确活动范围;提出安全要求,严禁单独行动;严禁在帐篷内用明火照明、吸烟、炭火取暖;五级风以上天气,营地内禁止一切用火。

9. 个人防护装备。

扑火队员防护装备应完善,保障人身安全,提高扑火能力。扑火队员不准穿易燃服装和鞋袜,必须自带点火工具(火柴、打火机等)、食品和水。

(1)体表防护装备。配备阻燃服装(LD58—94),防火鞋或靴(LD60—94),消防头盔(LY/T 1389—1999)和防火手套(LD59—94)。

(2)呼吸防护装备。应配备防烟面罩、防烟口罩、逃生呼吸器、森林消防人员呼吸器。

(3)救生装备。应配备避火罩、便携式火场呼吸机等。

(四)结束阶段的安全工作

1. 撤离火场前及时收拢队伍,清点人员装备,进行撤离安全教育。

2. 撤离火场时,按照规定的撤离时间、路线,严密组织,加强管理,严格执行撤离要求。适时清点人数和装备,发现问题及时解决。夜间撤离火场时,必须沿原路返回营地或出发地,禁止穿插火烧迹地。

3. 队伍组织摩托化、铁路、空中、水路返程时的安全工作,参照开进时的有关规定执行。

十二、防止迷山

迷山即在山林中迷失方向。当天气情况较差,特别是出现烟雾弥漫、光线较差等局地环境时,极易迷山。迷山容易造成人员迷失方向、误入火头和高危林区、失踪从而被大火侵袭,是近年来造成多起重特大人员伤亡的主要原因之一。预防迷山要做到以下五点:

1. 熟悉任务区域内铁路、公路、运材道的数量、长度、距驻地距离、方位和走向。熟悉高地数量和海拔高度、距驻地距离和方位。熟悉所有的大沟塘、河流及各突出点距驻地距离和方位。熟悉林场、村屯、检查(管护)站、瞭望塔的地理位置,距驻地距离和方位。熟悉森林业务、安全避险和野外生存等基本常识、技能。

2. 应保持成建制行动,按小组、分队、梯队和架次等形式编组,严禁单人行动。

3. 班长以上人员应配备通信器材、指北针、卫星定位仪等器材,牢记左右山形、地势和主要地物、地貌。穿越密林时,要用刀在树上砍出通过标记,或折断树枝做标记。完成任务后,要按原路返回,如不能返回,在有条件的情况下要向上级报告。

4. 要沿火线展开灭火战斗,随时清点人员和装备,防止人员掉队和装备丢失。

5. 应随身携带火种和急救包,以备火场自救、点火报警和野外生存。

十三、迷山自救

扑火队员应严格执行火场纪律,不准单独行动,防止迷失方向,一旦“迷山”,应进行自我解救。迷山后按以下方法自我解救:首先要保持镇静,可依靠太阳、星星、树冠、树干上生长的苔藓、山形地势等辨认方向。前进时应向一个方向,避免转圈。白天可走山脊,以便观察明显的设施,如瞭望台、高压线、铁路、公路、河流和村屯等;夜间可在山顶或河滩上点火报警,如果在大面积火烧迹地中迷失方向,点火或用白色衣服显示目标。具体方法如下。

1. 在火烧迹地内迷失方向时,始终朝着一个方向行进至火线边缘,然后沿火线行进，直至遇到灭火队伍或返回出发地。

2. 在其他地域内迷失方向，要立即停止前进，计算已行进的时间和路程，选择高地观察周围山形、地势或火场的烟雾，然后分析、判断行进的路线，如能按原路返回，立即返回。如不能按原路返回，可就地露营，并注意防寒、防雨和防野兽袭击，必要时可搭设临时窝棚。

3. 在没有把握返回营地时，不可乱闯、乱走，应在开阔地带点起篝火等待救援，同时采取下列方法。

(1)夜间要在高地山顶点火报警。用火时要注意安全，同时注意观察四周是否有火光，如果有火光应向火光方向行进。

(2)白天要注意是否有飞机巡护或飞机盘旋找人。如有以上情况要利用镜子、金属等物品反光的特性，照射机舱，或者将白手巾绑在较长的树枝上摇晃，以引起飞行人员注意。

(3)妥善保管火种，防止受潮、损坏及丢失。

4. 判明方向。在林内不能判明方向且没有指北针和定位仪器时，可采取以下方法。

(1)时针辨向法。在有太阳的情况下，把手表放平，时针对准太阳，在时针和12时的中间，即是南方，如图5-21所示。以此为起点，顺时针方向每隔15分钟就是一个方向。使用这个方法辨向，春、夏、秋、冬各有变化，要注意纠正误差。另一种方法是以24小时为准，将当时的时间除以2，得出的商数对准太阳，12所指的方向为北方。以14时为例，除以2后商数为7。将表盘上的7对准太阳，12所指的方向就是北方。上述方法可归纳为“时数折半对太阳，12所指是北方。上午计算按12，下午加倍定向同。”

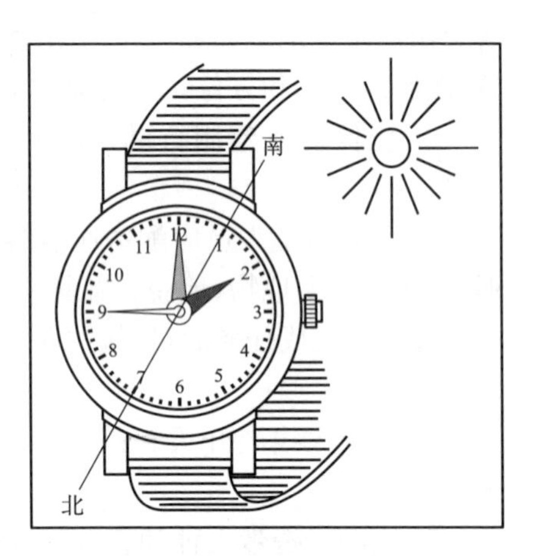

图5-21　时针辨向法

(2)自然特征辨向法。独立大树通常是南面枝叶茂密，树皮比较光滑，北面枝叶较稀疏，树皮粗糙，有时还长有青苔；可观察砍伐后的树桩，通常年轮北面间隔小，南面间隔大；也可观察突出地面的物体，如土堆、土堤、田埂、独立岩石等，通常南面干燥、青草茂密，冬天积雪融化较快；北面潮湿，易生青苔，积雪融化较慢，但土坑、沟渠的积雪则相反。

(3)北极星辨向法。在晴朗的夜间，北极星辨向法是最快、最简单的方法。北极星辨向法有两种，一是先找到大熊星座(勺子星)，从勺把向前数到第六颗星即天极星，然后目测天极星和第七颗星（天旋星）的距离，向前大约五倍远的天空有一颗和它们同等亮度的星，就是北极星，这个方向是北方。二是先找到大熊星座对面的仙后星座，它是由五颗亮星组成的，这五颗星中的中间一颗星前方与大熊星座之间的星为北极星，如图 5-22 所示。

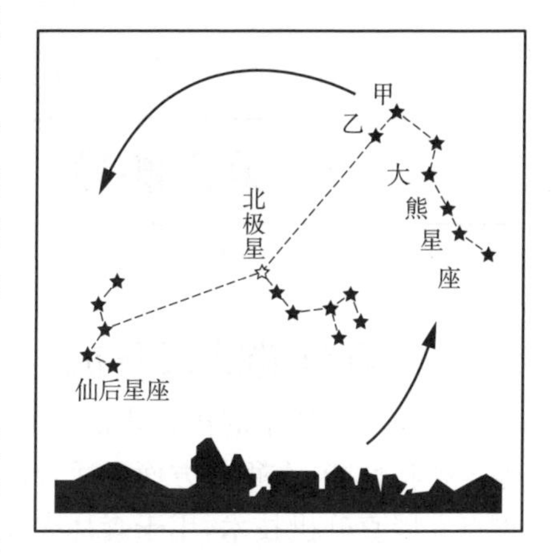

图 5-22　北极星辨向法

5. 摆脱险境。

（1）定向找路。继续回忆来时方向，重点是横越过的铁路、公路和河流，方向判明后即可朝其行进。在人烟密集和交通发达的林区，按一个方向行进，就会遇到村、屯、林场、工段、公路和铁路等。

（2）沿水找路。如果在林内行进没有把握时，可沿河流行进。沿河而上，地势越来越高，河面越来越窄。顺河而下，地势越来越低，河面越来越宽。一般在沿江、河、湖建村屯，包括在森林中生产、旅游、狩猎、捕鱼等，都沿水而居，一般情况下，河流下游人烟较密集，是选择行进的方向，只要沿水而下就一定能找到人或村屯。

（3）听声辨路。在行进中要注意观察巡护飞机，注意找寻队伍或其他人员在林内的活动声音。遇上飞机时，立即在开阔地带点火报警。听到有人呼唤时要立即做出反应，如不能回答，可点火报警。另外主要是听火车和汽车的鸣笛声、发动机声音以及风力灭火机的声音，可以朝有声音的方向走，但不要错误判断方向。

（4）实物指路。迷山后，爬到树上或山脊，观察附近是否有高大建筑物如高压线、各种塔台、建筑物，若发现时，直奔而去，能找到人们活动处。

（5）点火示意。在山脊、漫岗或河滩处，点起火堆，但人不准离开火堆，防止酿成新火灾，这种火目标容易被飞机或扑火人员发现。

第六部分　森林火灾扑救特种装备

一、森林消防直升机

消防航空技术的核心装备是消防飞机。由于直升机具有垂直起降、空中悬停等独特性能，在很多方面更适合消防任务的需要，所以各国消防机构更倾向于重点发展直升机技术，用于森林火灾、水难救助、战斗员投送、伤员运输、(超)高层火灾被困者转运等特殊任务。

消防直升机在森林灭火行动中应用非常广泛，效果非常好，运用的方式主要有空中观察、吊桶灭火、机降灭火、索滑降灭火 4 种。我国目前，投入森林灭火的直升机可分为大、中、小型三类。其中，常用的大型直升机有米-26，一般一架次可以承载 80～120 名携装的灭火队员，也可载重 1 辆装甲车；常用的中型直升机主要有米-171、卡 32、直 8、直 9 等，一般承载 10～15 人，主要用于空中观察、吊桶灭火和索滑降灭火；常用的小型直升机品牌主要有贝尔、小松鼠等，一般承载 3～5 人，主要用于火场观察。目前，森林航空灭火在许多国家都被广泛运用，飞机种类也是多种多样。从 20 世纪五六十年代开始，随着直升机技术的发展，其在消防领域得以应用。美国、日本、俄罗斯和德国等国家，先后掌握了制造直升机的复杂技术，为将直升机应用于抢险救灾事业创造了有利条件。

(一)空中侦察指挥

除灭火功能外，大部分消防直升机都是以救援为主要功能设计的多功能直升机，配备有各类机载式红外摄像仪、夜视仪、热像仪、空气采样仪、温度计、浮标水样分析仪等侦检仪器，便于侦察检测。机上的侦察设备通过图传设备可与地勤联动，将图片、音视频等影像资料发回地面指挥部，以便遥控指挥。

空中观察是了解火场情况、掌握火场态势最直观，最有效的方式之一。在有直升机参与灭火行动时，首先考虑的就是要进行空中观察。但是在实际行动中，许多时候指挥员是无法参与空中观察的。一般都是航站的观察员和林业部门主要领导参与空中观察。他们观察的火场态势和掌握的一些基本数据，地面指挥员无法在第一时间获取。这样在一定程度上影响了前线指挥部定下决心。为了解决这一现状，部分森林消防队伍的做法是每年进入防火期时，派 1 名空中观察员到航站去驻防。有飞行任务时必须与机组人员同飞，以便消防救援队伍的观察员能在第一时间把作战要素传回前线指挥部。特殊情况下，即使观察员上不了飞机，也能发挥信息共享优势，及时收集相关数据和资料传送到前线指挥部，这样才能为指挥员作出决策提供更好的依据。

空中观察的目的是更清晰地了解整个火场，对火场态势有一个直观的印象。了解火场现在是什么样，火场面积有多大，火线有多长，火势向哪里发展。还要掌握火场植被类型，火头数量，火线突破口，有没有适合机降的位置，有没有重点保护的目标，火场附近有没有可利用的水源等。第一时间把火场态势图标出来，把作战相关要素提供给一线指挥员，一线指挥员才会知道怎么指挥，如何进行排兵布阵。否则，就不能实施科学、精准、高效指挥。

空中观察并非那么简单，不是说指挥员上了直升机、在火场上空飞一圈，就能把火场信息掌握清楚了，尤其是第一次或很少参与空中观察的指挥员，下了直升机，只是记下了火场的基本轮廓，对指挥决策没有太大的帮助。观察员上飞机前，要做好充足的准备，携带好地图、指挥仪、指北针、GPS 等相关的设备。登机后，首先要确定好自己的位置，通俗地讲就是必须知道东南西北，同时依图进行作业。要想确保观察的最佳效果，还要把高空观察和低空观察结合起来。因为高空观察能增加视野内明显地标的数量，使指挥员视野更开阔，火场情况尽收眼底，但只是大而全。而低空观察，恰恰做到了小而精，能更直观清晰的获取相关数据，比如说火场植被、力量分布以及是否有机降场地等。空中观察员能力的提升，最有效的办法还是要多争取空中观察的机会，多练多总结，经验才会不断地丰富起来，因此，定期选派优秀人员参加专业培训交流至关重要。

利用消防直升机开展空中侦察的优势在于不受交通限制，侦察速度快、范围广；指挥员可在机舱内，利用机载图传设备观察全局，遥控指挥。缺点是受天气特别是气流的影响较大。

(二)空中运输

直升机作为一种高速交通工具，在运输方面有其得天独厚的优势。相对于固定翼飞机而言，直升机无须苛刻的机场及地勤设施，一般作为突击人员快速反应或紧急物资调拨的首选交通工具。优点在于运载速度快，不受交通路线限制；缺点在于受天气影响较大且载员(物)量少。主要运载对象是救援突击分队、急诊医生、搜救犬等小编组作战单元及急救医疗、小型卫星通信设备等应急物资；主要工作目的是运用于人员(物资)的快速投放或转运。

在我国北方地区，森林火灾多发生在原始林区腹地，林区路网密度比较低，且多为防火公路或运材路，路面狭窄，年久失修，通过性非常差，队伍以摩托化或徒步向火场行进时，很难到达火场的附近，停车点距离火场较远，徒步行军耗时耗力。一般而言，在北部原始林区徒步开进 1 km 至少需要 1 h，有时甚至耗时更长。以 2017 年“4・30”俄罗斯入境火灾为例，林火扑灭后，森林消防救援队伍组织撤离归建时，正赶上“5・2”毕拉河大火，当时，所有直升机都被调到毕拉河火场。扑打“4·30”火灾的满归大队、根河大队和奇乾中队 240 人，只能徒步撤离。在图上测算，火场撤离点距停车点直线距离 9.6 km，灭火队员连续行军了 18 h才到达停车点，可以看出北部原始林行军是多么的困难。实践证明，地面运输受阻时，直升机机降投送力量是最有效的办法，在投送中，最核心的是如何将灭火力量快速投到一线。直升机机降投送时，应着重考虑到集结地域确定、运送编组和机降点的选择三个因素。

(1)集结地域确定。

火灾发生后，有条件的救援队伍可以直接以机降方式进行投送，其他力量先期以摩托化的方式向火场集结，在直升机运力条件允许的情况下，选择有利的集结地，随即转入机降方式投送，快速到位。集结点的地势要稍高于周围，尽量选择在护林飞行作业林区中心地带，要选择交通、水源、电源、通信方便之地，以便航油供给、火情及飞行信息传输，机组保障等。

(2)运送编组。

消防直升机投送运送编组的主要原则是尽量整建制、整梯队运送，这样既便于指挥，又能保证形成战斗力。在无法保证整建制运送情况下，也要尽量地将一个单位的参战队员，先后几个架次投放到一个火线切入点上。实际灭火行动中，由于地空协调不畅，经常会出现力量分散投放的情况。有的甚至将一个单位分别投放到了几个火点，打乱了队伍建制和指挥关系，还有的甚至与本单位失去联系，接受不到本级指挥员的决心意图和命令指示，很大程度上削弱了战斗力，同时也会对参战队员造成一定程度的危险。

(3)机降点的选择。

机降位置应当选择在对控制整个火场局势，起重要作用的关键部位，来控制火势进一步发展。机降点选择离火线较远，则会消耗灭火队员体力，也会错过最佳灭火时机；如果选择近了，是争取了时间，但因飞机起降也可能形成乱流，会影响火势蔓延方向，将直接威胁指战员生命安全。

(三)高空灭火

运用直升机灭火主要是森林火灾、危化品场所火灾。原理是采用机载水桶、干粉箱以空投的方式对火灾区域进行灭火。

优点是直升机参与灭火的反应速度快，且在空旷领域的灭火剂覆盖面积广，对大面积火灾有快速抑制作用。在药剂使用完后，利用直升机的机动性优势快速补水或其他灭火药剂。

缺点是由于直升机自身重量轻、飞行高度低(过高投掷灭火剂会影响覆盖效果)，在经过火灾上方空投灭火药剂时容易受到火焰产生的气流漩涡影响，出现坠机事故。

主要灭火领域包括缺水地区的村寨、森林、海上及户外钻井、危化品场所。

(1)吊桶灭火。

目前,吊桶灭火已发展成为森林航空灭火的一种重要手段,在全国各地森林火灾中被广泛运用。作为现代化灭火方式,吊桶灭火不仅能直接、快速扑灭小火和初发火,而且在扑救重特大森林火灾,实施地空配合、立体作战时,飞机吊桶作业能够有效压制火势,降低火强度,为地面灭火队员创造有利的战机。

吊桶灭火作为以水灭火战术的一种,同样离不开充足的水源保障,为保证直升机吊桶灭火作业的成效,各级队伍需要充分掌握本辖区内各类水源的位置、储水量和停机位置、取水方式等,同时也要在缺水地区和林区重点火险区推动蓄水池等固定消防设施的建设工作,便于消防直升机就近取水并实施吊桶作业。

(2)索滑降灭火。

索滑降灭火主要适用于树林茂密,交通条件差,没有机降条件的火场。

关于索降和滑降灭火的区别,其实两者灭火作用及方法完全相同,只不过是下降控制方式不同而已,灭火行动中,最常用的是滑降。索降是利用直升机上的索控设备,利用绳索将人员运送到地面,人和绳索同时落地;而滑降是灭火人员通过索控器、绳索、背带等设备自行降至地面,绳子一端先落地,人员后落地。这里特别注意的一点是在实施索(滑)降灭火时,场地面积应不小于 10 m×10 m,坡度不能大于 40 度就可以进行作业。实施索滑降灭火,不仅可将灭火队员投送到火场,还可为机降灭火开设机降场地。这种情况主要是针对火场面积较大,索滑降队员不能完成作战任务时运用。由于直升机对野外机降场地的要求比较高,要根据机型大小开设机降场地,中型机面积一般不能小于 60 m×40 m。大型机如(米-26)面积不能小于 100 m×100 m。

(四)应急救援

在应急情况下,对单个或数量较少的危重型伤员可利用直升机的速度优势转运至最近的医疗地点。优点在于直升机参与救援行动的速度快,可以在交通拥堵的情况下迅速到达事故现场,对危重型伤员进行转运。也可以利用低空悬停的优势对少量被困洪灾形成的孤岛、火灾环境下的楼顶上的人员进行转运。缺点在于由于直升机受气流影响大,在强降雨造成的洪灾区域、烟雾缭绕的火场进行悬停、吊装转运时易出现事故。另外,直升机载员量少,每次输转的人员有限,难以满足大规模救援任务要求。

米-26 起飞全重达到了 56 t,比最早期的波音 737-100 还要大。这款飞机也可以使用吊桶灭火,它的腹部可以吊装一个 15 t 的大水桶。但因为旋翼造成的风太大,往往水洒在半路,带到现场的风却助长了火势,如图 6-1 所示。

图 6-1 米-26 直升机

二、森林消防无人机

随着无人机技术的快速发展和日趋成熟，我国的无人机应用也日益广泛，特别是近几年，无论是城市消防还是森林消防，都陆续为各单位配发了多旋翼的无人机，大大提高了早发现、早预警、早部署的能力。

在火场上，小型或者微型无人机，便携带、易操作，能够快速起飞，快速侦察，快速收回，起到了传统手段无法替代的优势作用，可以说这是一线指挥员的“千里眼”。

（一）火情侦察的优势

目前，林火侦察监测手段主要有卫星遥感、瞭望塔瞭望、护林员巡察和飞机巡护等。无人机列装队伍以后，又增加了一种更为便捷、实用的监测手段。

对比几种侦察手段的优劣。卫星遥感监测林火，覆盖面积大，但受自身轨道周期和天气影响，实时性和分辨率欠佳；瞭望塔监测林火的实时性最好，但每个塔的覆盖范围有限，若形成网络需要大量的人员，而且受地形影响大，有视觉的盲点；地面巡察视线遮挡严重，观察范围有限，效率非常低；飞机巡护实时性和适应性都很好，但其使用成本高，难以大规模、常态化运用，多数林区只能在重点防火时期租用飞机开展巡护作业。无人机侦察，通过挂载各种可见光、红外摄像机、热成像等一些设备，按照预定的航迹进行巡护，为林火侦察监测提供了一种新的技术平台，可有效弥补传统侦察手段的不足。

（二）数据采集的优势

当发生森林火灾以后，火场上空会产生大量的浓烟，能见度极低。即使直升机能够到达火场的上空，观察员也无法详细观察到地面火场情况。这时，无人机的作用就能凸显出来。第一，无人机采用无人远距离操作技术，能够到达危险地域作业，既可以悬停侦察，又可以灵活地对火场多角度观察；第二，由于无人机空中飞行视点高，飞行高度低，能够获取高分辨率影像数据，并能把拍摄到的数据传输到接收终端，为地面指挥员提供全景观的实时画面；第三，灭火人员在接近火场时，可利用无人机进行先期侦察，防止灭火队员贸然进入危险火环境，有效规避了风险。

（三）指挥调度的优势

在以往指挥森林火灾灭火行动时，都是依图作业、按图指挥，一是不够直观，二是不够立体，三是不够实时，因为火场情况瞬息万变，每时每刻都会有新情况出现，不能够通过图上作业实时体现出来。

无人机在指挥调度方面的主要优势有：一是指挥员依据无人机所传输实时数据，立体掌握火场态势，充分预判火灾发展的趋势，以便科学合理调整力量部署，做到重点方向重点布控；二是能直接感受火场环境，提前了解危险环境，及时指挥队伍采取规避行动，可有效降低安全风险；三是可以实时掌握各参战分队战术运用、战斗进程、战斗位置以及各队伍之间相互协同配合情况。

（四）应急通信的优势

在森林火灾灭火行动中，由于山高林密，地理环境复杂，无线电通信与北斗接收机等信号通常较差。甚至两个分队间距离远，对讲机也不能经常呼通，通过无人机的高空飞行平台来搭载中继通信设备，可以临时搭建起覆盖一定范围的应急指挥通信系统，起到跟浮空平台一样的作用。这样既可以满足各级指挥员对火场的信息需求，也可以实现单个队员通过信息终端，共享到火场的动态信息，最大限度满足各级指挥员实时指挥的通信需求。

三、灭火弹

（一）森林灭火弹

主要包括拉环式手投灭火弹、手投式灭火弹和机载式灭火弹等不同种类，目前森林消防队伍主要配发的是拉环 80 式灭火弹和手投式灭火弹。灭火弹灭火是化学灭火的一种，一般配合风力灭火机等主战灭火装备协同灭火，主要用以打开突破口压制火势和实施紧急避险时使用。

1. 原理及性能。

手投式灭火弹主要采用超细干粉灭火。以热敏线引燃后，弹体爆炸，产生大量气体作为推动源抛撒干粉，在一定空间内迅速形成高浓度的粉雾，充分发挥干粉的灭火效能，瞬间即可灭火。灭火弹具有体积小、质量轻、便于携带、操作简单、灭火效率高、机动性好等特点。手投式灭火弹弹体主要由热敏线引火装置、爆炸装置、超细干粉和外壳四部分组成。

2. 操作使用。

干粉式灭火弹主要包括投掷和抛掷两个使用动作。

投掷：按照撤步引弹、转体送胯、挥臂扣腕的要领进行投掷。

抛掷：按照撤步引弹、转体送胯、挥臂抛弹的要领进行投掷。投弹时要将灭火弹在空中纵向翻滚，避免横向翻滚，导致滚动距离过大偏离目标。在坡度较大的地段使用灭火弹时，要采取平抛的方式，避免灭火弹顺坡下滚。

(二)自爆式森林灭火弹

自爆式森林灭火弹可以预先投放或直接投放，遇明火后自爆灭火；也可以遥控控制引爆灭火，如图 6-2 所示。

质量为 1～80 kg，直径为 110～210 mm。以 4 kg 灭火弹为例，灭火空间约 9 m^3，警报响度约 120 dB，灭火反应时间≤2 s。主要采用 90 型 ABC 干粉(NH4H2PO4)灭火剂。

图 6-2　自爆式森林灭火弹

使用该类型灭火弹需要注意，一是要存放在常温、干燥环境中；二是切勿故意丢掷、引燃自动灭火球；三是切勿将灭火球接触水源，以防损坏灭火机制；四是禁止损坏、拆卸自动灭火球。

该类型灭火弹具有以下特点：一是轻巧便携，所有人群都能自如使用。二是操作简单，只需将灭火球投掷到火源处或安装在容易起火位置，遇上明火就能进行灭火。三是反应灵敏，只要接触火焰 2～3 s，便能触发灭火机制，有效灭火。四是具有警报作用。只要在火灾易发区安置该灭火球，在火情发生时，便能及时产生作用并发出约 120 dB 的警报响声。五是安全有效。不需要靠近起火现场，对环境完全无害；对人体完全无害。六是保质期长。一般情况下五年质保期，并且日常不需要任何保养维护。

(三)便携式森林灭火炮

灭火炮是将装有灭火剂的灭火弹远距离投射到火区，灭火弹遇火后自动引爆，将灭火剂喷洒到燃烧的可燃物表面达到灭火目的，是一种安全、可靠、高效的灭火装备。目前主要应用于森林火灾扑救的有 SLM80 型、PJ80 型等便携式森林灭火炮。

1. 性能特点。

SLM80 型便携式森林灭火炮是一种可重复使用的单兵肩射灭火发射装置，可以发射单兵火箭灭弹等。身管为玻璃钢复合材料缠绕成型，精度高、体积小、质量轻、机构简单、操作方便、安全性高，可以有效压制和扑灭地表火、树冠火、悬崖火及消防人员难以靠近的灭火发射装置。

2. 实际应用。

森林火灾发生在山高坡陡、峡谷纵横、道路崎岖等林区内，抵近火场难、装备输送难、直接扑打难，对危险火环境难以准确判断，人员直接实施扑救安全隐患较大，森林灭火炮可实现远程快速精准灭火。便携式森林灭火炮主要用于定点灭火或突破火线、压制火头。

四、森林消防固定翼飞机

火灾受害面积大的重要因素在于救灾难度大，救援车辆难以进入森林中，进入森林后，着火点附近也很难找到充足的水源。这样的情况下，航空器机动性好的特点就凸显出来，可以准确到达着火点。那么固定翼消防飞机究竟如何灭火的呢?

首先，水源一定要充足。消防飞机一般可以采用地面注水或者水面汲水。地面注水模式指借助地面的消防栓或者消防车向水箱内注水。水面汲水模式指水上飞机或水陆两栖飞机在水面滑行过程中，通过放下汲水斗，利用水压将水通过汲水管注入水箱后起飞离水的模式。

其次，还要选择合适的灭火策略。消防飞机一般有三种灭火策略，它们分别是直接灭火、间接灭火和地面支援。直接灭火策略主要用于扑灭大火边缘的火点，当火势较小、火苗不高以及火线较短时，使用消防飞机灭火效果最佳。当火势较大时，消防飞机可以往返投水，可保证地面人员安全进出火场灭火，构筑空中和地面协同灭火的条件。间接灭火策略就是飞机将水或灭火剂投洒在火头或火线发展方向前一定距离的未燃地带形成隔离带，阻隔火势的蔓延。地面支援策略主要是配合地面灭火，优先保证地面人员的安全，提高地面灭火效率。当火情发生时，地面指挥中心会根据不同的火场地形以及火灾特点，结合消防飞机的机动特性选择相应的灭火策略，保证飞机投水时的安全及投水的效果。

再根据火场坐标，分析周边是否有可用的水源、进入火场的航路和打火方位，确定本次消防飞机灭火方案。

如附近有可用水源，消防飞机起飞后再前往火场。如果火场附近不具备可用水源，消防飞机则会在陆上机场注水后进入火场。

消防飞机可以在机场、水源地、火场三点之间往返汲水投水，直到完成灭火任务。

（一）波音 747-400 SuperTanker 超大型灭火飞机

波音 747-400 SuperTanker 超大型灭火飞机是一架在机腹内装载了特殊水箱与增压系统的 747 货机，可以根据需要携带多达约 74.2 t 的水或阻燃剂。装在机腹中多个储存槽内的液体在经过加压后，由 747 机腹后段处加装的四个喷嘴投掷而出，如图 6-3 所示。

波音 747-400 SuperTanker 超大型灭火飞机再注水或其他灭火液体的时间只需 37 min。该机造价约 5 000 万美元，执行任务每小时花费 3 万美元，是扑灭极大型山火的有效武器。

增压喷洒系统配置 4 个 16 英寸的喷嘴，可从较高空域液体救火，也可以用自然下雨的速度喷洒。这套增压系统大幅提升了灭火机执行任务时的安全性。

增压投掷能力让灭火飞机可以用更高的高度进场，并且保持较高的空速。（在喷洒消防水时超级灭火飞机需保持 140 节的空速，投掷阻燃剂时的空速，则大致与降落中的速度相当。）它可以分次喷洒，每次可喷洒宽 46 m、长 5 000 m 的一条灭火带。

图 6-3　波音 747-400 SuperTanker 超大型灭火飞机

同时，该机型配有现代航电设备，还加装了复杂的卫星导航与前视红外线设备。由于拥有远距离定位与夜视能力，再配合较高的飞行高度，让超级灭火飞机能够在夜间安全地执行任务。

（二）"鲲龙"AG600 飞机

第十三届中国航展期间，"会飞的船＋会游泳的飞机"——我国自主研制的大型灭火/水上救援水陆两栖飞机"鲲龙"AG600，在碧海蓝天的见证下，成功完成本次航展的飞行投水功能演示首秀。此次首秀是由 4 名成员组成的机组按预定科目和计划，从珠海机场跑道起飞，在本场进行飞行投水功能演示，9 t 水随着飞机下部投汲水舱门的打开倾泻而下，精准覆盖投水目标区域，投水后飞机状态良好，响应特性正常，投水任务系统及飞机其他各系统工作稳定，如图 6-4 所示。

"鲲龙"AG600 总设计师黄领才表示，"鲲龙"已经初步具备了灭火的功能。"但离未来的实战还有更多工作要去做，一定会全力以赴，加快我们的研制进程，服务到我国应急救援体系当中去。"灭火任务系统已完成地面系统原理验证、地面注水投水、水面汲水投水、次高原投水试飞四个阶段具体试验，完成了灭火系统验证试飞，有效验证了灭火任务系统工作状态、汲水投水功能特性。他透露，目前还投产了四架适航取证的灭火飞机，已经进入了总装阶段，明年新飞机就可以进行试飞。

2020 年 7 月 26 日，"鲲龙"AG600 在山东青岛团岛附近海域成功实现海上首飞，向量产服役迈进了一大步。AG600 在设计阶段就以民用为主，以森林灭火和水上救援为主要设计目的,尤其是第一点。该机服役后将填补我国在大型水陆两栖灭火机上的装备空白。

图 6-4 “鲲龙”AG600 飞机

我国是一个森林火灾多发的国家,由于森林火灾发生地点偏僻,水源取得困难,人员难以抵达起火点进行早期灭火,甚至会因山区环境复杂导致人员伤亡。

对于森林消防来说,各种灭火飞机无疑是最大利器,在发现火点第一时间就能奔赴现场,通过喷洒灭火剂在早期控制火势,有效避免山火蔓延。在全球范围内,灭火飞机在设计上分成两大流派,一种是经过改装的常规固定翼飞机,通过加装水箱和投水装置成为“灭火轰炸机”,专业执行森林消防任务;另一种是森林消防直升机。

目前全球最大的灭火飞机是使用波音 747 客机改装的“全球超级水箱”(Global Supertanker),内置容量 74.2 t 的加压投水系统,灭火威力惊人。但是这种灭火飞机尺寸再大容量再惊人,在使用灵活性上也不及专门设计的水陆两栖灭火机,因为需要返回机场重新加注灭火剂,这一过程比较耗时。

而水陆两栖灭火机凭借自身能够在水面起降的能力,在水面滑行中就能顺势为机身水箱汲水,短时间就能重新补充。如果森林火点附近有适合水陆两栖飞机起降的江河湖泊,水陆两栖灭火机灭火效率会成倍提高。

AG600 为了实现就近汲水功能,AG600 在机身中部布置了 4 个 3 t 容量的水箱,并在水箱下方的机身船底设置了投水舱门和汲水水斗。在水面滑行时,AG600 船底的两个汲水水斗在液压控制下张开汲水,快速将三个水箱装满。

AG600 已成为全球优秀的水陆两栖灭火机。该机 53.5 t 的最大起飞重量已超过俄罗斯别-200 的 40 余吨和日本 US-2 的 47.7 t,仅次于 A-40“信天翁”原型机的 86 t。

AG600在水上降落一次可在20 s内(滑行600 m)汲水12 t,然后在火点上空一次性投放,也可按照每次3 t和6 t的多次投放,投水灭火能力也超过US-2、别-200和CL-415这三种著名机型,成为全球森林灭火能力最强的水陆两栖灭火飞机。

除水面汲水之外,AG600也具有地面注水系统,从而在灭火任务中实现灵活部署和快速反应,满足森林灭火"打早、打小、打了"的特殊要求。因此量产后的首要目标可能是满足森林灭火装备需求。

AG600的投水能力远超我国现有消防直升机(1 t左右),并且该机速度快(500 km/h),航程远(最大航程4 500 km,滞空时间12 h),在接到指令半小时内就可以出动,1 h内就可以到达火区,并能在不加油的情况下在机场(或水源地)和火场往返多次投水灭火。

因此该机服役后将能与森林火灾监测系统、消防直升机、地面高机动消防车辆组成高效的森林火灾快速反应系统,将灭火作战结束在火灾发生的初始阶段,减少不必要的生命和财产损失。

(三)加拿大CL-415森林灭火飞机

加拿大地广人稀,森林面积巨大,拥有全世界性能最强的灭火飞机之一,型号为CL-415。

CL-415由庞巴迪公司研制,个头并不大,起飞全重只有20 t。但是因为身材轻巧,从河沟和湖泊汲水方便,每5~10 min就能返往一次火场,效率很高,因此广受欢迎。当偏远地区发生火灾时,干脆派CL-415直接浇灭,甚至不出动消防车。

目前全球包括克罗地亚、土耳其、希腊、马来西亚、西班牙、法国、意大利等11个国家装备了这种飞机,如图6-5所示。

图6-5 加拿大CL-415森林灭火飞机

(四)日本 US-2 水上飞机

日本有自行研制的 US-2 水上飞机。该飞机不仅可以用于灭火，也可用于远洋救助。日本海洋作业频繁，这款飞机具有很高的实用性。

但飞机消防有局限性，如果汲取海水灭火的话，会严重影响植被生长。因此，火场附近必须有适合取水的河流或湖泊才行。而且，飞机也只能辅助控制火势，要想根本扑灭的话，还是要依靠地面力量。

该飞机的特点是“快”，能够在火势蔓延之前就赶到火场。希腊的很多山火，都是在刚刚发生不久即由飞机控制，然后再由地面人员清理火场。比起“人海战术”，这大大降低了伤亡率，如图 6-6 所示。

图 6-6　日本 US-2 水上飞机

(五)中国运-12 灭火飞机

运-12 飞机是中航工业哈尔滨飞机工业集团有限责任(以下简称哈飞)公司的产品。1985 年，哈飞与国土资源部成立“飞龙航空”，主要使用运-12 飞机进行火灾勘察和海洋观测等工作。汶川地震后，中国飞龙通用航空有限公司从俄罗斯引进了两架米-26 大型直升机，主要用于救灾时的人员和设备运输，如图 6-7 所示。

(六)“夏威夷火星”号消防飞机

“夏威夷火星”号消防飞机，最多一次能撒 27 t。JRM“火星”是一种四发重型水上飞机，主要用于执行运输和反潜巡逻任务，由洛克希德·马丁空间系统公司于 20 世纪 40 年代研发，于 1943 年 11 月投入服役。“火星”全机长 35.7 m，翼展 61 m，机高 15 m，最大起飞重量 74.8 t，最大航程 7 964 km。最多可搭载 133 名士兵或 15 t 货物(包括 7 辆威利斯吉普)。

图 6-7 中国运-12 灭火飞机

(七)“火星”水上飞机

“火星”水上飞机 61 m 翼展甚至超过了 B-52 战略轰炸机(翼展 56.4 m),比 20 层楼都高。但由于尺寸过大,该型机仅制造了 7 架,在“二战”期间执行过从珍珠港到太平洋群岛的运输任务。JRM“火星”后来在美海军中一直服役至 1956 年。1959 年,被一家名为福瑞斯特的加拿大公司收购,并转为民用,主要用于执行航空消防任务。由于尺寸巨大,每架“火星”一次可搭载 2.7 万 L 水用于消防任务,一次洒水可覆盖 1.6 万 m^2 的区域。

(八)DC-10“空中水箱”灭火飞机

DC-10 是美国道格拉斯公司(现已并入波音)生产的一款非常经典的机型。虽然世界上已经没有客运的 DC-10,但它仍然在货运及特殊领域发挥着作用。美国的 10tanker 公司就改装了三架 DC-10 用来提供灭火服务。经过改装的 DC-10 可装阻燃剂 4.5 万升,可一次制造 90 m 宽、1 000 m 长的阻燃带。

(九)CL-215 森林灭火飞机

CL-215 森林灭火飞机,是世界著名的森林灭火飞机,由加拿大庞巴迪宇航公司研制,是一款双发水陆两栖固定翼灭火飞机,该机操纵和维护简便,能在简易机场、湖泊和海湾上起降。

CL-215 飞机采用单翼、单船身、翼尖浮筒的总体布局。翼展 28.60 m,机长 19.82 m,机高 6.88 m,机翼面积 100.33 m^2。最大起飞重量约 20 t。灭火时,主舱靠近重心处装 4 个整体水箱,满载水重 6 t,每个水箱均设有可收放的吸水管和放水门以及相应的操控系统。

该机机身内有两个水箱,装水方式既可在地面机场装载(90 min 即可注满),又可由飞机从水面掠过时吸水。从水面吸水是利用两个可收放的吸水管。

当飞机以 110 km 时速从水面掠过时，利用水的动压把水箱吸满只需 10 s，掠水飞行距离为 1 222 m。吸满后飞机即可离水爬升飞赴火场。

飞机的有利投水高度为 35～40 m，一次投水约 3 s，可覆盖(120×25) m^2 的区域。一架飞机每天可作业一百多次，可提供 50 万升水进行灭火，必要时每天最多可吸水 160 次，注水量可达 87 万升。

通过试验证明，该机在空中喷洒泡沫灭火剂，还能扑灭燃油引起的火灾。CL-215/215T 及其最新型号 CL-415 是目前世界上最优秀的灭火飞机，至今仍在生产。我国西安飞机制造公司自 1980 年开始起为这两种飞机生产副翼、应急离机舱口和浮筒吊架等部件。

(十)俄制“别-200 消防飞机”

别-200 消防飞机由别里耶夫设计局研发制造，采用单船身、后掠上单翼、上置双发动机和 T 型尾翼的总体布局，翼展 32.88 m，机长 32.05 m，机高 8.90 m，机翼面积 117.44 m^2，最大起飞重量 40 余吨。消防水箱安装在机舱中部，容量 12 t；另外还有 1.2 m^3 容量的液态化学剂箱。

在消防作业中，别-200 两栖飞机加满油后可从机场起飞至相距 200 km 处的水库汲水，然后飞往 10 km 处的火区灭火，如此来回汲水和喷洒，共可投放 320 t/h。倘若机场至水库仍相距 200 km，水库至火区相距 50 km，则该机共可投水 140 t/h。

该机拥有良好的飞行性能，在 8 000 m 空中的最大巡航速度为 700 km/h，在 7 000 m 空中的最大平飞速度为 720 km/h，海平面最大爬升率 14 m/s，实用升限 11 000 m。起飞距离 1 050～1 100 m，着陆距离 1 050～1 100 m，航程 2 100～4 000 km。

例如在 2004 年的意大利森林大火中，俄增援的别-200 在 7 h 内共向火场投下 324 t 水。

(十一)伊尔-76 消防飞机

由于缺乏能“一锤定音”的大型消防飞机，加拿大才对俄罗斯提供的伊尔-76 消防飞机动了心。后者是由伊尔-76 大型运输机改装而来，航程远达 5 000 km，可运载 42 t 水。

除了在俄罗斯的灭火行动中大展身手，伊尔-76 消防飞机还曾参加过希腊、澳大利亚等国的大型灭火行动。据称，利用预先生产的灭火套件，可在不到两小时内把普通伊尔-76 改装成消防飞机，这种改装灵活性，加上可从野战跑道起降，使它在全球声名远扬。

大型消防飞机有更多空间安置先进设备，不但适合多重任务需求，也能在夜间或其他特殊环境下作业，使用更广泛。在大型消防飞机方面，中国也并未落后，例如“鲲龙”AG600 飞机。

五、森林火灾专勤器材

目前,我国用于扑救森林火灾的专勤器材装备主要包括二号灭火工具、组合工具、油锯、割灌机、点火器等。

(一)二号灭火工具

二号灭火工具是在一号灭火工具的基础上改进而成的。其由汽车废旧外轮胎,割去外层,用里层剪成长 80～100 cm,厚 0.12 cm 的胶皮条 20～30 根,用铁丝固定在 1.5 m 长、3 cm 左右粗的木棍或其他材料管材上。它用于直接灭火,尤其对弱强度地表火很有效。

(二)组合工具

组合工具主要用于开设隔离带和清理火场,具有携带方便、功能多样等特点。根据不同的可燃物类型和火场情况将工具进行不同的组合,用于灭火和清理火场。组合工具由背囊、砍刀、铁锹、手锯、灭火耙和活动手把等组成。

(三)油锯

油锯主要用于在灭火行动中开设隔离带、直升机临时机降场地和清理火场等,具有携带方便、轻捷、易控制等特点。

油锯由控制部分、动力部分、切割部分组成。控制部分主要由握把、油门、电源开关、燃油箱、油门拉线、回油管、输油管组成。动力部分主要由启动器、空滤器、化油器、离合器、减速器、火花塞、活塞、曲轴组成。切割部分主要由导板、锯链、机油箱和链条调节器组成。

(四)割灌机

割灌机主要用来清理小径级立木、灌丛、杂草等,开辟隔离带和宿营地,具有性能先进、操作方便、维修简单等特点。森林火灾扑救常用的主要有背负式割灌机和侧挂式割灌机,两种割灌机的发动机主要零部件采用镁合金压铸和工程塑料,质量轻,结构紧凑,使用可靠,操作方便,维修简单。

割灌机主要由切割部分、控制部分、动力部分组成。切割部分主要由锯片和齿轮箱组成,它还可以使用圆锯片、刀片和尼龙绳实施切割。控制部分主要由软轴总成(软轴)、传动杆(传动轴)以及电路、油门开关组成。动力部分由启动器、空滤器、化油器、离合器、减速器、火花塞、活塞、曲轴以及燃油箱组成。

(五)点火器

点火器在灭火中主要用于以火攻火、阻隔火线、计划烧除和应急自救等。消防员应了解掌握点火器的结构性能和正确的操作与使用方法。

1. 基本结构。

目前,点火器的种类主要分为滴油式和储压式两类。森林消防队伍配发的主要是滴油式点火器。滴油式点火器由瓶体、滴油管、点火头和背具组成。瓶体侧面有提把，底部有放气孔和放气孔螺钉，滴油管上有刻度，点火头内装有油针。

2. 操作使用。

以 2002 型滴油式点火器为例：

(1)首先拧开油桶部压盖，取出点火器上部组件。

(2)拧下阀盖上的封闭丝堵，把封闭丝堵拧在阀盖的另一螺纹孔上。

(3)将油桶装上燃油，将上部组件点火向上用压盖连接在油桶口上。

(4)打开油桶上部跑风阀，将跑风阀按逆时针方向旋转一圈。

(5)提起点火器，将点火头向下倾斜，向点火头上滴上燃油后点燃点火头，提起点火器将点火头倾斜向下，燃油会从油嘴不断流出，经点火头点煅，点烧工作开始。

(6)点烧工作结束后，将点烧器直立入在地上，待点火头上的燃油燃尽后，点火头上的火焰会自动熄灭。

(六)风力灭火机

风力灭火机通过发动机高速旋转，将外部空气吸入后增压加速，形成强有力的高速空气射流，可将可燃物与氧气进行有效隔离，并降低燃烧温度至燃点以下，从而达到灭火目的。

(七)消防水泵

消防水泵是指利用火场附近水源，通过架设泵体、铺设水带、安装枪头喷射水流进行灭火的装备。其工作原理，是以水泵的机械力量产生压力，将水流输送并喷射到燃烧物上，利用水蒸发时吸收热量、隔离氧气的特性，达到直接或间接灭火的目的。灭火行动中，水泵架设可分单泵、串联和并联架设使用，应根据火场态势，灵活采取不同的架设方式。

(八)背负式泡沫灭火器

背负式泡沫灭火器，是利用压缩空气作为动力，喷射泡沫进行灭火的一种装备，对控制火势较为有效。背负式泡沫灭火器主要由呼吸器、气瓶、泡沫混合液桶、泡沫枪等部件组成。在灭火行动中，利用气瓶内的高压空气，将泡沫高速喷出，覆盖燃烧物，使其迅速降温、压制火势、防止复燃。

(九)应急逃生灭火瓶

应急逃生灭火瓶(又称逃生瓶)是森林火灾扑救中消防员必备的紧急个人防护装备之一。在森林火灾扑救时，如果消防员被火势围困，可以择机向火势薄弱部位抛出一个或多个逃生瓶，迅速打开缺口、突破包围圈，或大火扑来时通过抛掷逃生瓶创造紧急避难空间，如图 6-8 所示。

图 6-8　应急逃生灭火瓶

应急逃生灭火瓶是一种多功能、高效、环保、无毒、可 100% 自然降解的植物型初期火灾灭火剂，由生物高分子聚合物、碳氢表面活性剂、阻燃剂、稳定剂、助剂等多种成分组成的环保型灭火剂，以扑灭 A（木材等）、B（液体）、C(气体)、D（电器）、F(指烹饪器具内的烹饪物，如动植物油脂等)类初期火灾。应急逃生灭火瓶为灭火剂装于环保可降解的特殊树脂瓶中，只需投掷于火源中，灭火瓶触碰到物体即可破碎，灭火剂会从破裂的瓶中瞬间散布出来，在燃烧物表面流散的同时液体冷却其表面，并在燃烧物表面上形成一层水膜与泡沫层共同封闭燃烧物表面，隔绝空气，形成隔热屏障，吸收热量后的液体汽化并稀释燃烧物表面上空气的含氧量，对燃烧物体产生窒息作用，阻止燃烧的继续；同时，该灭火剂与燃烧物质发生化学反应，形成聚合物质，该聚合物质能有效地抑制或降低燃烧自由基的产生，破坏燃烧链，阻止燃烧。

应急逃生灭火瓶具有以下特点：

1. 快速，对于初起火灾，可 1～2 s 内灭火，对森林火灾扑救消防员被围困时迅速创造避难空间、打开逃生缺口具有重要作用。

2. 简单，无须培训即可使用，灭火方式完全基于人的本能动作，无须打开瓶盖，投向火源即可灭火。

3. 易用，老人、孩子、妇女都能轻易使用(紧急灭火时刻建议成年人操作灭火)。

4. 全面，可以扑灭 A、B、E、F 类初期火灾。

5. 安全，远距离投掷，不需靠近火源，无须打开瓶盖，对准火源用力投掷，投掷破裂后灭火剂能迅速充分迸溅至燃烧物，可瞬间灭火消烟、降温、灭火不复燃。

6. 耐冷，－20 ℃可以正常使用，其性能不受冻结融化影响。

7. 环保，大部分逃生瓶的原材采用纯植物提取，环保无毒、无腐蚀，残留的物质转化为养分发酵滋养森林植被，瓶内装有灭火剂 pH 值为中性，无腐蚀无污染。

8. 经济，因为这种灭火器布置非常简单，占用空间也非常小，保质期内无须更换灭火剂，经济效能好。

9. 长久，大部分品种逃生瓶保质期 5 年以上，保质期内可以随时使用。

10. 小巧，相当于一瓶矿泉水，完全颠覆传统灭火器笨重、占地大的形象。

实际上，应急逃生灭火瓶的应用范围非常广，诸如商厦、商场、酒店、饭店、银行、加油站、机场、车站等营业场所，医院、学校、幼儿园、图书馆、展览馆、敬老院、公园等公共场所，写字楼、公寓、居民楼等起居办公场所，网吧、歌厅、棋牌室、洗浴中心等娱乐场所，汽车、火车、公交、地铁、船等交通工具，以及工厂厂房、车间、仓库等均可使用。

(十)背负式泡沫灭火装置

随着现代化进程的快速推进，火灾形势日趋复杂，尤其石油化工企业在日常生产过程中遇到的突发情况日趋增多，危险化学品灾害事故一旦发生，具有突发性强、扩散迅速、危害范围广、伤害途径多、侦检不易、救援难度大、污染环境等特点。针对有毒有害气体环境、狭小空间下的救援、各型火灾的应急扑救、化学污染的洗消等突发情况，单兵装备往往起到关键作用，如图 6-9 所示。

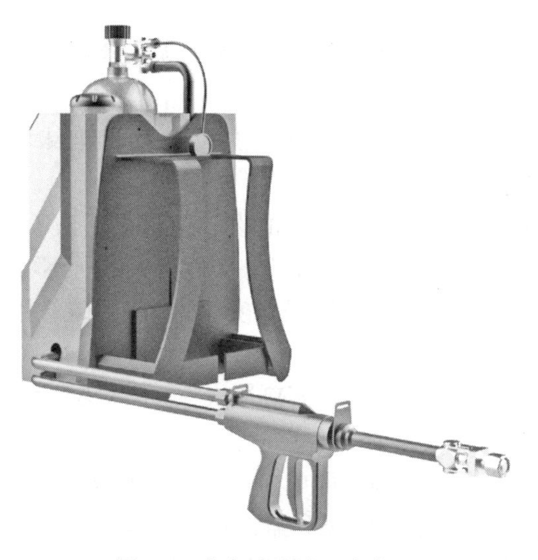

图 6-9　背负式泡沫灭火装置

国内单兵灭火、洗消装备发展比较落后，局限于负压式发泡方式，而这种发泡原理由于发泡效果不理想，已经逐步被淘汰。架构于CAF(Compress Air Foam,压缩空气泡沫)系统的正压式发泡原理在泡沫灭火和洗消领域日趋流行。

背负式空呼泡沫灭火多功能装置是将传统的正压式空气呼吸器与泡沫灭火装置巧妙结合，在贮气瓶压力作用下，将所装的灭火液喷出以扑救火灾。启动空气呼吸器装置，能为消防员背负移动灭火的同时提供呼吸防护功能，提高作战能力，延长作战时间，保障施救人员的安全。

背负式空呼泡沫灭火多功能装置由主机、气瓶、压力报警器气雾喷射器等组成。

原有的灭火器，喷射距离近，靠近火源，带有刺激性；背负式泡沫灭火装置是普通干粉的三倍，气体灭火器的五倍，能够最大限度解决火灾救援、森林消防救援、危化事故救援等需要复杂救援场景。

背负式泡沫灭火装置是采用以复合气瓶贮存的压缩空气为动力源，进行灭火和空气呼吸器使用；采用背负式的设计，携带方便。装置结构紧凑，背负移动迅速，解放双手，利于攀爬、救援，可以满足作业人员在狭小过道及空间进行应急灭火和洗消作业，这种结构特点使装置适用于各种复杂地形，应用场合极其广泛。

综上，背负式泡沫灭火装置主要有以下特点：

1. 巧妙结合。能在灭火的同时提供正压式全面罩空气呼吸功能，保护使用者不受浓烟毒气的危害。

2. 携带方便。背负式的设计让使用者解放双手，便于攀爬、救援，能适应各种复杂地形。

3. 喷射距离远。喷射距离近10 m，是普通灭火器的3倍多，操作者远离火源更安全。

4. 灭火能力强。独特的正压式发泡技术，产生的泡沫均匀细腻、留存时间长，更好的覆盖燃烧面，防止复燃。

5. 可现场反复充装。料桶不承压的设计使得灭活液喷射完后可以在现场立即重新充装使用，灭火能力翻倍，这是一次性灭火器所不可比拟的。

6. 本体安全三层防护。为保证操作安全性，使用碳纤维缠绕气瓶、自动泄压安全阀、低压报警器。

7. 清洁环保。使用的泡沫药剂不刺激人体，不污染环境，可自然降解，是环保型产品。

8. 扩展功能。充装洗消药液即成为专业的洗消设备，有效处理化学品泄漏事故。充装刺激性药剂即成为防爆利器，一机多用，功能丰富。

一般情况下，背负式泡沫灭火装置呼吸器使用时间：仅使用呼吸面罩

60 mim;灭火装置第一次充装 40 min;灭火装置第二次充装 20 min。喷射半径≥8 m,喷雾半径≥6 m,料筒容积 18～25 L 左右,灭火等级 4A 144B,充装水、泡沫和空气后总重量 30 kg 左右,不充装水和空气时总重量 15 kg 左右,尺寸400 mm×250 mm×520 mm(样例)。

(十一)高压森林消防泵

近年来,森林草原火灾逐步增多,受自然天气、林地环境等因素影响,森林火灾具有突发性强、扑救困难、短时间内难以控制的特点,毁坏林木资源,破坏生态环境,造成严重的生态环境问题。众所周知,森林消防装备是构成森林防火综合防控能力的基本要素,是森林防火实现科学化、机械化和智能化的装备支撑。但我国林区大多位于偏远的山林地带,这些地区通常不仅面临着交通不便、设备落后、人员组织分散等问题,且大面积的林区覆盖使得常规消防设备完全发挥不了作用。

高压森林消防泵是适应森林灭火的超轻泵组,如图 6-10 所示。整个泵组重量轻,结构紧凑、占地面积小、稳定性好,采用背负式+手拉式相结合,便于携带,操作简单。使用人员只需简单培训即可熟练操作。可用于森林灭火中远距离输送水源到火场进行灭火,背负式远程输送高压森林消防泵也适合于中小城镇农村厂矿等消防车不能及时到达或无法深入到火灾中心的消防灭火。

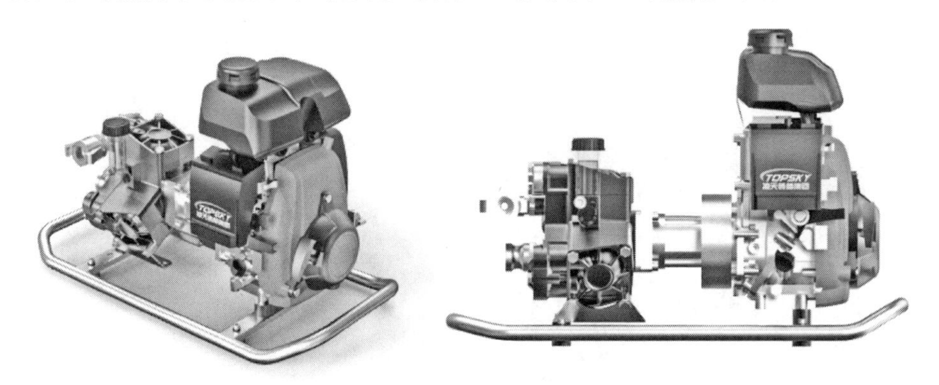

图 6-10 高压森林消防泵

高压森林消防泵具有以下特点:

1. 启动灵活,可以采用一键式启动或手拉式启动。
2. 采用循环水冷系统,能够降低减速机的温度,减少高温带来的不利影响。
3. 采用自吸式泡沫装置,可实现打水和打泡沫快速转换,应对不同场合。
4. 具有智能监测系统,可实现 GPS 定位、压力监测、温度监测、4G 传输等。
5. 输送距离远,扬程高。
6. 能空载运行,泵连续工作,随时可以增加、减少水带及转移阵地。

7. 自吸能力强，垂直高度 1 m，能够自吸 300 m，垂直高度 4 m，能够自吸 100 m。

8. 输送距离长，输送距离 10～20 km、垂直高度 300～500 m 的情况下，效率能达到 95%以上。

9. 液压柱塞隔膜泵使用寿命长、经济效益显著，它用柱塞推动隔膜达到吸排水的功能，机械部分不与水直接接触，大大延长了使用寿命。

以常用高压森林消防泵举例，泵重量一般 3～4 kg，泡沫射程一般为 16 m，泵表面温度≤50 ℃，最大压力 3.0 MPa，标准流量一般 22 L/min，扬程 300 m 左右，水平输送距离 15 km，水射程 18 m，最大吸程 7 m，进水直径 25 mm，出水直径 25 mm，整机质量 18 kg，整机尺寸 600 mm×300 mm×400 mm 左右。发动机一般采用单缸强制风冷四冲程发动机，排量 0.05 L 左右，最大功率 1.56 kW 左右，可以采用电动或者手拉式启动。需使用专用机油，要随身携带专用机油桶。

(十二)箭式远距离森林灭火车

最大可装填 24 枚灭火弹，最大灭火面积 2 000 m^2。灭火弹可单发连发，内装高效干粉灭火剂，最大灭火面积达 2 000 m^2。通常用于灭火人员和普通灭火装备难以到达的地域，进行火势压制、隔离和扑灭，可实施大面积森林灭火，如图 6-11 所示。

图 6-11　箭式远距离森林灭火车

火箭式远距离森林灭火系统采用自动操瞄、火箭弹道修正、火箭弹爆破撒布等一系列关键核心技术，可单次齐射 24 发灭火弹，射程 1～3 km，单次齐射灭火面积达 2 000 m^2，通过远距离对火势压制、隔离，有效解决一般灭火设备人员抵达火场困难、近距离灭火危险性高、灭火原料补给困难、使用维护成本高等行业痛点，被誉为远距森林灭火“杀手锏”装备。

(十三)灭火导弹

中国自主研发的 MH-1A 新型远程森林灭火导弹，作为一款军民融合产品，“火箭弹”样式的森林灭火弹研发技术，在全国遥遥领先，如图 6-12 所示。

图 6-12　MH-1A 新型远程森林灭火弹

MH-1A 新型远程森林灭火弹应用在森林消防领域，具有灭火效果好、安全性高、飞行稳定性及密集度高等特点。由于是远距离投射，人员远离火场，可有效减少人员伤亡，具有较高的社会经济效益，可广泛适用于森林、草原等火灾的扑救。

MH-1A 新型远程森林灭火弹由引信、灭火剂舱以及发动机三部分组成，全弹长 1 586 mm，弹径 122 mm，翼展 374 mm，射程 800～1 200 m，全弹约 16 kg，单发灭火剂装药量 7.2 kg，灭火剂采用新型超细干粉，灭火效能是普通干粉的 6～10 倍，单发有效灭火面积达 50 m^2。

在发生火灾时，先使用灭火弹进行灭火或者压制火势，便可以使人员远离火场，为灭火赢得更多时间。MH-1A 新型远程森林灭火弹是通过固体发动机将灭火剂舱投射在着火点，触破引信触地后起爆，在爆轰波作用下灭火剂在一定空间内快速扩散，通过物理、化学抑制作用快速扑灭火焰，并有效阻止火焰复燃。

(十四)消防水囊

消防水囊是火灾扑救和农业生产的好帮手，采用 PVC 涤纶复合材料，设备专业，工艺先进，主要用于盛水，在输送水源方面起着重要作用，特别适用于丘陵、山区等地的水源运输。水囊可量车定做适合用于各种类型的车型，它代替了以往沉重、易生锈、寿命短的铁皮桶和橡胶桶，其用料是锦塑制材料，在其运输途中不会因为路面不好而碰伤车身，延长车的寿命。在使用时不会因季节的变化而无法正常使用，其不用时可折叠存放，减少空间占用量。它还具有良好的密封性和防腐蚀性，可用于储存一些液体有刺激性气味的原料，其寿命可用 8～10 年。

第七部分　森林火灾现场医疗救护

由于森林火灾火场情况复杂，要充分准备医疗救护器材和药品。当紧急避险不利出现外伤、出血、骨折、烧伤、一氧化碳中毒、蛇虫咬伤时，要采取紧急措施全力做好前期的急救工作。

一、外伤出血的处理

1. 用手指压迫止血。

2. 急救时伤口盖上消毒纱布或消毒棉，用绷带加压包扎。

3. 如出血不止，可将伤肢抬高，减低血流速度协助止血。

4. 出血严重时，可用止血带止血，扎好后立即送医院治疗，止血带每间隔15 min放止血带1 min。

二、骨折的处理

1. 转移至安全地带。

2. 发现伤口出血要立即止血。

3. 开放性骨折要先用纱布或消毒棉包扎患处，再用夹板固定(无夹板可用木棍、树枝、树皮、竹竿等代替)。

4. 包扎时，要在夹板内垫上衣服或布等软物，以防皮肤受损。

5. 动作要轻，受伤部位不要绑得太紧。

6. 经上述处理后，尽快送医院治疗。

三、烧伤的处理

1. 将伤者转移至安全地带，用干净或无菌布单保护创面。尽量减少外源性沾染。

2. 不要弄破皮肤和水泡。

3. 保持呼吸道通畅。

4. 尽可能迅速送医院治疗。

四、一氧化碳中毒的处理

扑救森林火灾时，灭火人员由于在浓烟中工作时间过长可能引起一氧化碳中毒。其症状是呼吸困难、头痛、胸闷、肌肉无力、心悸、皮肤青紫、神志不清、昏迷。处置方法有：

1. 迅速将患者转移到空气新鲜地方。

2. 有条件者立即给予高浓度吸氧。

3. 有呼吸衰竭者立即进行人工呼吸和静脉注射呼吸兴奋剂。

五、休克的处理

外伤、出血、疼痛、过敏、饥饿、过度劳累、高原缺氧等情况能引起休克。病人表现为面色苍白、出冷汗、精神萎靡、脉搏弱、血压下降。处置方法有：

1. 将病人移至安全地带，置病人于仰卧位，头和腿轻度抬高、以利最大血流量流至脑组织，同时注意保暖。

2. 如有外伤性出血，应立即包扎止血。

3. 如有骨折要用木板绷带对骨折部位临时固定。

4. 有呼吸困难者，要维持呼吸道通畅，给予吸氧或进行人工呼吸。

5. 有条件者要迅速建立静脉通路、立即补液以恢复足够的组织灌注。

6. 有意识障碍者，用针刺人中或用手指压迫人中，使其清醒。

7. 初步稳定后送医院治疗。

六、蛇虫咬伤的处理

（一）蝎蜇伤的处理

1. 立即拔出毒刺，局部冷敷或擦抹抗组胺乳剂，在被蜇上方扎止血带。

2. 可将局部切开，用力挤压或用拔火罐吸出毒液，然后用3%氨水或5%碳酸氢钠溶液冲洗伤口。

（二）蜂蜇伤的处理

1. 拔除毒刺，伤口局部可用肥皂水、3%氨水或5%碳酸氢钠溶液外敷。若为黄蜂蜇伤，则用食醋洗敷。

2. 伤口四周可外敷南通蛇药或用蒲公英、紫花地丁等中药捣烂外敷。

3. 若有过敏者，应迅速给予抗组织胺类药及激素等。

（三）蛇咬伤的处理

在森林、灌丛、草地条件下行进或宿营，有被毒蛇咬伤的可能。处置方法是：

1. 如所在地区受到威胁，应迅速转移安全地带，同时急救。尽量记住毒蛇特征，以便使用特效抗毒素。

2. 伤口通常表现为两个小的针刺状牙痕，伤者应避免活动，保持安静。可紧急处理伤口毒液（严禁用嘴直接吸取），间歇进行。

3. 如有药品立即服用（蛇药和镇静剂）。

4. 如果动脉被蛇咬伤出血不止时，要用止血带止血。每隔 15 min 放止血带 1 min。

5. 急速送医院治疗。

七、搬运伤员

搬运伤员就是把伤员转移到安全地带，避免再次负伤，并及时处理后送医院，使伤员得到进一步治疗。搬运的基本要求：

1. 搬运前应尽可能做好伤员的初步处理，如情况允许，一般应先止血、包扎、固定后搬运。

2. 应根据伤情、地形等情况，选用不同的搬运方法和运送工具，确保伤员安全。

3. 搬运动作要轻巧、迅速，避免不必要的震动。

4. 搬运过程中应随时注意伤情变化，及时处理。

5. 搬运脊椎受伤的伤员，有颈托时用颈托保护颈椎，无颈托时可用木板先固定头颈部，然后两人用手分别托住伤员的头、肩、臀和下肢，动作一致将伤员搬起平放于硬板或门板上后送医院治疗。严禁抱头抱脚，以免躯干弯曲而加重损伤。

6. 骨盆骨折搬运时，应仰卧位，两髋关节半屈，膝下垫以衣卷或背包，两下肢略外展，以减轻疼痛。

第八部分　森林火情感知体系与林火预警监测系统

一、森林火情感知体系概述

(一)近地面监测能力

前端视频监测是基于人工智能、物联网技术、边云混合计算等前沿科技，实现全天 24 h 不间断的数据采集，远距离监控，并且支持视频存储和回放，可在火灾发生初期识别林火，把握最佳扑救时机。通过研究当前林业防火领域现状，研发出先进的林火前端监测技术。

1. 超低的漏报和误报率。实现 5 km 以内漏报率，误报率均低于万分之一。极大地提高了林火报警准确度。

2. 多光谱智能识别模式。通过对可见光与近红外相机结合使用，优化了传统的前端双光监测模式。传统热成像难以监测到林下烟火，需林火燃烧一定范围之后才能通过热辐射被发现。近红外摄像机可以对近红外波段进行检测，提高画面成像质量，提高识别精度。

(二)边云混合计算分析能力

边云混合计算是将边缘计算和云计算相结合，通过两者的协同工作，提高物联网信息处理能力的新型计算模式。在边云混合计算模式中，物联网终端节点具备一定数据处理的权力，可以优先计算部分数据信息。经过终端节点过滤后的数据再传送到云中心，通过云强大的计算能力，可以高效快速地处理优先级不高但数据量大的信息。边云混合计算具有以下优点：

1. 边缘节点处理后的数据能够在终端实现共享，提高了网络实时响应能力，能够快速地响应前端监测。

2. 由于共享距离减小，数据暴露的可能性降低，提高了网络安全系数。

3. 巨大而繁重的数据在边缘节点经过滤后传送至云中心，降低了带宽要求，增加了网络弹性，网络信号传输质量得到提高，信息更为精确高效地传递。

边云混合计算模式使边缘计算和云计算两种方式形成优势互补，既专注了局部，又把握了整体，实时分析和响应物联网终端，处理和计算繁重的互联网数据，改善了智能设备的功能。在林业防火领域，更直观地体现在快速处理前端监测的视频信息，更加精确地识别林火。

(三)航天卫星林火监测能力

通过卫星对森林火灾进行监测已是我国森林火灾监测手段中不可缺少的一

部分。卫星监测林火具有监测面积大、全天候、全地形等优势。但本身缺点也十分明显，定位误差大、误报率高、火灾强度判断不准、时效性差等。

通过不断深化与中科院、林科院、遥感所等卫星应用与研究前沿机构的合作，努力完善森林防火“星—空—地—人”监测体系。主要解决的问题包括：卫星图传影像与实时图像的匹配；常规火点的标定；如何利用多源卫星数据进行融合分析，提高火情发现的时效性；通过联合研发卫星搭载的火情检测引擎来降低卫星对林火的误报过多的现状。

(四)无人机林火辅助决策能力

火场精准建模和真实场景实时呈现对于整场林火扑救战役的指挥决策具有至关重要的作用。

在林火预警阶段，为了保障火灾发生时可以辅助扑救人员进行危险规避，最大限度地保障扑救人员的生命安全，确保扑救部署的有效性。可通过无人机搭载激光点云雷达，获取防火重点区域的点云数据，获得精准的林地、林下情况，结合倾斜摄影和其他数据，对重点防火区的道路、设施、危险地形进行勾画、建模。

在扑救指挥阶段，可以利用无人机对火场外围进行监控，监视火场发张态势、烟火形态观察。结合风向变化和烟火形态变化，对火场突变，林火爆燃，飞火产生等进行预判。同时可以将火险边界图像与地图进行匹配，勾画实时火场范围，以辅助扑救指挥活动的开展。

灾后阶段，无人机可以搭载传感器起到余烬检测，过火面积测量和灾损评估，起到完善火灾档案记录，辅助灾后定责、查证的作用。

(五)软件平台监管、指挥能力

实用、完善、高效、先进的软件平台体系是森林防火业务的重要支撑环节。软件平台体系的搭建应结合森林防火业务的实际需求，从综合管理、应急指挥、林火巡护三方面进行思考。同时，针对各地林火值守压力巨大，人力、资源有限等实际情况，如何统筹火情监测资源、提高值守效率、降低人力成本也是体系中需要着重考虑的部分。

事实证明，“一朵云，三平台”的软件平台模式，是符合森林防火实际需要，也是最为贴近森林防火工作流程的软件架构体系。“一朵云”是指互联网云值守中心。通过对物联网、云存储、视频分析、网络等技术的运用，整合各地林火监控视频数据，统一值守管理，对监测到的报警数据进行人工审查，将需要地方上核实的火情信息，通过短信等形式进行下发。既做到了 7×24 h 全天候火情值守，又解决了建设方人员编制和值班人员素质问题。同时，使各级负责人可以打破时间、地点壁垒，实时掌握辖区的火情发现情况。

“三平台”分别指综合管理平台、应急指挥平台、移动巡护平台：

1. 综合管理平台。负责森林防火日常值班、设施状态监测。使得值班人员的在班情况和当值情况能够被有效管理,设施设备是否良好运行能够被有效监管。

2. 应急指挥平台。从林火事前(预警)、事中(应急处置)、事后(灾后评估)三方面进行功能设计。该部分是通过复盘多起林火扑救战役后得出,功能设计具有强大理论基础和实战经验作为支撑。预警阶段是应急指挥的侦查阶段,如何做好相应火险天气情况下的准备工作,抢占扑救先机是该阶段的关键。平台可以结合林区局地小气候生成重点林区的森林火险气象等级,提出对应防火预案;根据调查、普查和实测数据生成监测区域的森林防火设备、设施空间分布和属性数据,生成森林防火"一张图",为区域内森林防火的预警工作进行支持。应急处置阶段作为火情发现后的实战阶段,具有命令传递快、指令多、接口多、气氛紧张等特点,这使得平台功能如何做到有效、便捷、流畅、稳定成为关键。对此,平台主要设计包括了火情发现、火点定位、火情发布、蔓延模拟分析、扑救危险区划分、电子沙盘等指挥功能,紧密围绕扑救活动的各项流程操作,切实解决了扑救过程中的实际问题。灾后评估阶段主要是做到对于森林火灾扑救的过程记录、损失统计并形成火灾电子文档,做到"每案留痕"。

3. 移动巡护平台。既是护林员巡查时的辅助工具,又是护林员与中心讯息的传递工具,同时也是管理人员对护林员工作的审核工具。护林员通过对设施属性查看(视频、蓄水池水位),可了解辖区内实时监控情况和设施是否正常,以确保火情发生后周边防火设施能够提供扑救支持。火情接收、事件上报、导航规划、音视频会商和双向标绘等功能,保障了护林员与平台以及指挥人员之间的信息传递。通过移动端和后台管控软件的运用,实现了护林员日常工作状况管理(轨迹监管)。

(六)已建视频监控资源云检测能力

目前,广东省各地已建设完成的林火视频监控总计约 1 800 路,标清及以上画质图像约 800 路。为了最大限度地整合已有视频监控资源、防止重复建设、保证资源利用的最大化。通过对云计算、物联网等技术的运用,在各地前端构建云端检测分中心,对已建设完成的 720 P 及以上质量的图像进行云端林火检测,推送报警和火点位置。

二、江苏省森林防火综合监管平台

江苏省森林防火监控中心于 2013 年建成,作为全省林火视频监控中心,经过近 10 年的不断完善,已经实现全省部分市县 334 路林火智能监控视频的接入。目前,其他各省基于林火视频联网打造省级林火监管平台的工作开展的程度不同,很多省份该工作刚刚起步,部分省份如安徽、湖南等全省规模的林火视频联网工作正在项目申报阶段,比较特殊的如河北省在 2021 年一次性投入建设了 2 000 余路林火智能监控,作为整体规划和建设项目在全国范围十分少见。就全省规模的林火视频联网而言,江苏省处于全国领先水平。

(一)江苏省林火综合监管平台建设的几个阶段

1. 视频联网平台建设。

视频联网平台建成至今,江苏省林业局和恩博科技等技术单位每年都在推进完善视频联网平台建设,对每年新建的林火智能监控点位进行视频接入,逐步实现了南京、常州、无锡、镇江、苏州、连云港、宿迁、徐州以及下属地市、区、县的林火监控视频接入,如图 8-1 所示。

图 8-1　视频联网平台界面

2. 二维林火预警监测平台建设。

二维林火预警监测在 2017 年以前一直服务于省林业局的森林防火监管工作,主要实现部分数据的统计分析和火情记录等功能,数据量小、功能点少,对于森林防火业务的辅助作用较小,如图 8-2 所示。

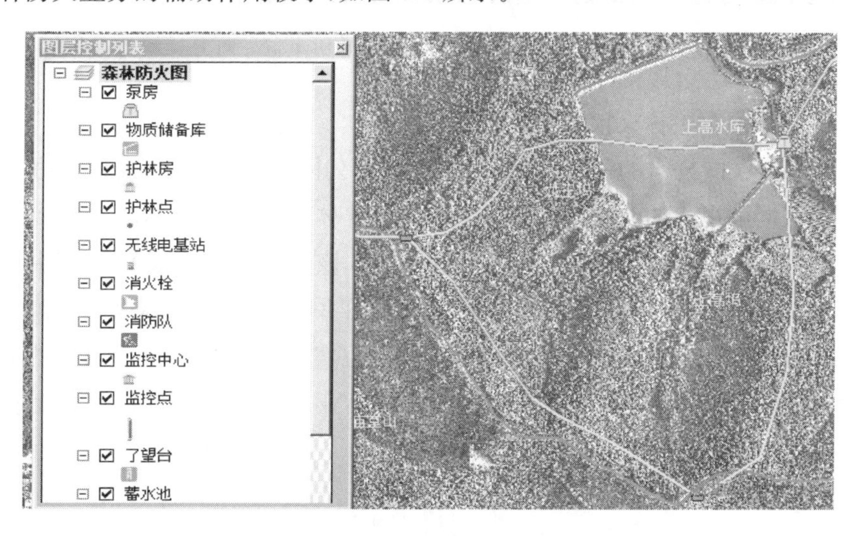

图 8-2　二维林火预警监测平台界面

3. 三维桌面端林火预警监管平台建设。

2017—2019年,基于三维地图引擎的应用,省林业局部署了一套三维场景的桌面端预警监管平台,整个数据的空间分布和火情定位、周边分析等功能得到了补充,可实现与移动端、无人机、指挥车的互联互通,并依托该系统配合南京市开展了森林防火实战演练。它的不足主要表现为所有处置工作必须在固定的指挥中心或者部署了该平台的办公地点才能展开,受办公地区限制明显,如图8-3所示。

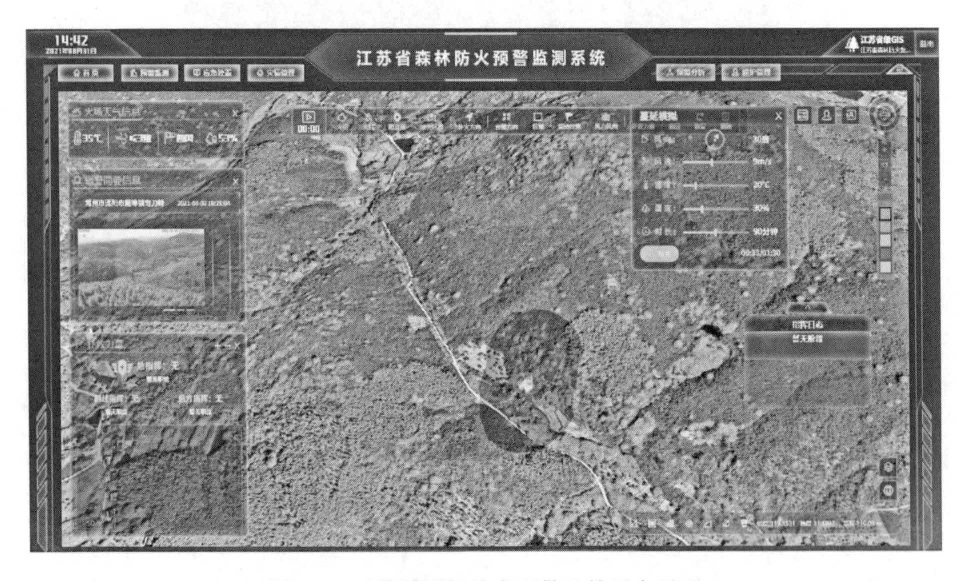

图8-3　三维网页版林火预警监管平台界面

4. 三维网页版林火预警监管平台建设。

随着互联网技术的不断成熟,打破地域办公限制、实现灵活自由的办公界面和大数据可视化的交互需求越来越强烈,省林业局在省森林防火监控中心搬迁后,部署了一套全省林火综合监管平台。该平台由南京恩博科技主动提供全套技术支撑,基于互联网技术架构,建设了网页版的三维林火综合监管平台,从灾前预警、灾中指挥到灾后评估,全方位实现了林火全生命周期的辅助监管。该套平台的部署,使得江苏省在全国林业系统省级平台建设上走在前列,如图8-4所示。

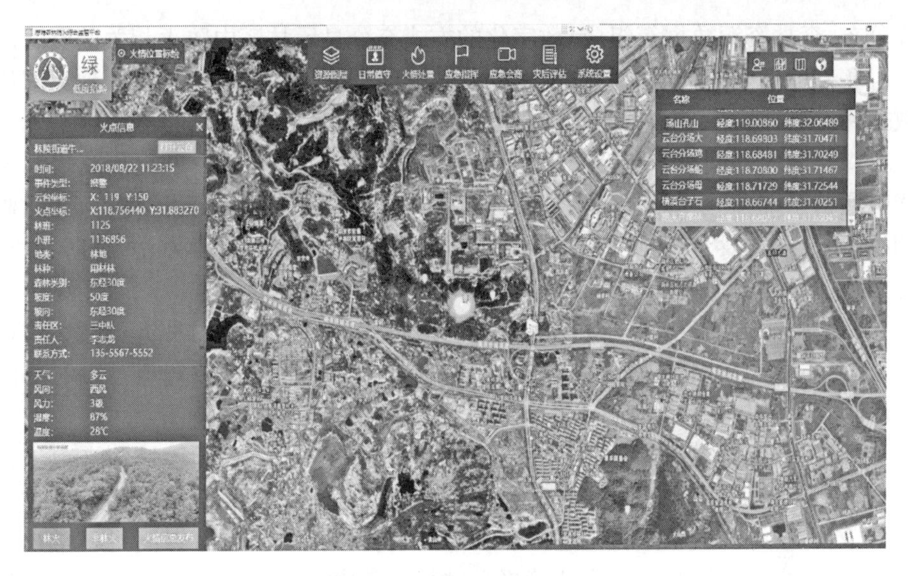

图 8-4　三维客户端林火预警监管平台界面

(二)江苏省林火综合监管平台建设的主要功能

江苏省林火综合监管平台能够有效完善全省林业信息化、智慧化、现代化步伐,不断推动林业生态安全体系的完善。一是能够实现全省森林防火资源统筹管理,构建全省森林火灾风险普查数据库、森林防火资源数据库,打通各级、各地林火智能监控和卡口监控的视频与省林业局间的传递。省林业局能够获取全省林火监控的视频调用和控制权限,真正做到全省林火相关资源的统筹管理。二是能够实现全省火情信息协同处置,通过提升全省火情识别能力,确保火情发现的准确性能够全面达到省标的技术指标要求,通过统一的火情推送架构,在不影响各地原有处置流程的基础上,实现省局监管、上下协同的处置机制。三是能够建设全生命周期的林火综合监管平台,依托现行运行综合监管平台,丰富完善全省林火资源数据,图表与图形化表达各类资源的数量、分布和属性数据,实现与视频联网平台的融合、与集群对讲通信系统的融合,优化交互界面,补充完善功能,实现灾前、灾中、灾后的林火全生命周期监管。四是建立健全省林业系统应急值守机制,通过完善软硬件和人员值守服务,实现“7×24 h 分析,实时动态感知”。

江苏省林火综合监管平台主要有以下模块功能:

1. 预警监测阶段。

(1)“一张表”模块。图表化展示江苏省森林防火资源类型、资源名称、数量以及相关属性信息等,做到森林防火资源、物资的定量化统计,并动态更新各地区反馈的更新数据。

(2)“一张图”模块。森林防火“一张图”由基础地理数据库、森林防火基础设施分布、森林资源数据等组成，数字化的方式充分显示林区内防火相关的资源。

基础地理空间数据库主要包括矢量图形数据库、遥感影像数据库、地形图片数据库。

森林防火基础设施包括防火通道、阻隔系统（生物隔离带、工程隔离带）、无线电通信系统（固定基地电台、转发台位置）、监测系统（瞭望台、护林点、智能监测指挥平台、转发台、监控中心等）、物资贮备仓库、灭火工程（蓄水池、消防栓、消防管道、泵房等）、专业消防队等。

森林资源数据反映林业区划内的森林、林地和林木资源的种类、数量、质量与分布，主要属性因子有土地权属、地类、林种、森林类别、事权等级、龄组、郁闭度/覆盖度、优势树种等。

（3）"视联网"模块。旨在将原本的视频多级联网平台和预警监测平台进行整合，与全省视频联网全云化进程同步，将所有接入省平台的各区县节点的林火视频数据，在综合监管平台上进行展示，并支持分屏功能，既可以满足日常视频巡检需要，也可以同步对综合监管平台进行业务功能操作。

2. 火情处置阶段。

（1）火点定位模块。作为火情处置的中间环节，支持视频监控报警、巡护报警的火点定位和人工报警的地图火点标绘功能。

林火发生时，云台摄像机根据火源判定识别，依据视频返回参数利用高程数据计算在地图场景中精确定位火情位置。提供火点所在的位置信息、报警云台的坐标信息等，如图 8-5 所示。

图 8-5　火点定位模块

同时，支持护林员在巡护阶段发现火情时，使用手机端小程序上报火情并定位，如图 8-6 所示。

图 8-6　手机端小程序图

(2)火情发布模块。在火情处置中，一旦人工二次审核确认为需要处理的疑似或者明确火情时，平台可直接向巡护端 App 发布功能进行火情发布，将报警信息(主要为火点定位信息)发布给相应的设备及人员；同时支持上级指挥中心对下级指挥中心的火情发布。图 8-7、图 8-8 分别是应急指挥系统发布点火情和手机端接收火情示意图。

图 8-7　应急指挥系统发布点火情

(3)蔓延模拟分析模块。依据火点周边的地形地貌、林种以及前端多功能监测站返回的风速、风向、温度、湿度、光照等火灾蔓延影响因子，对现行的 Rothermel 模型、王正非模型进行优化，提出适用性更强的林火蔓延模拟模型，并在地图上模拟推演火情动态蔓延范围。通过该模块操作可显示 30 min、60 min 和 120 min 3 个时间段后的火场发展态势，辅助扑救人员和指挥人员进行扑救活动，如图 8-9 所示。

图 8-8　手机端接收火情示意图

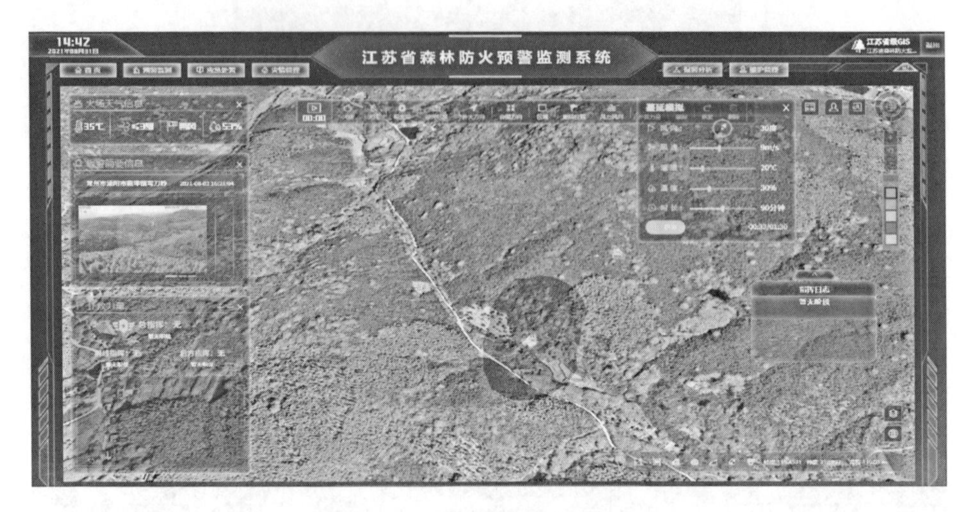

图 8-9　蔓延模拟分析模块

(4)周边资源查询模块。该模块围绕定位火点，支持不同搜索半径的扑救力量分布查询，如：所属责任区、责任人、森林防火队、防火设施等，如图 8-10 所示。

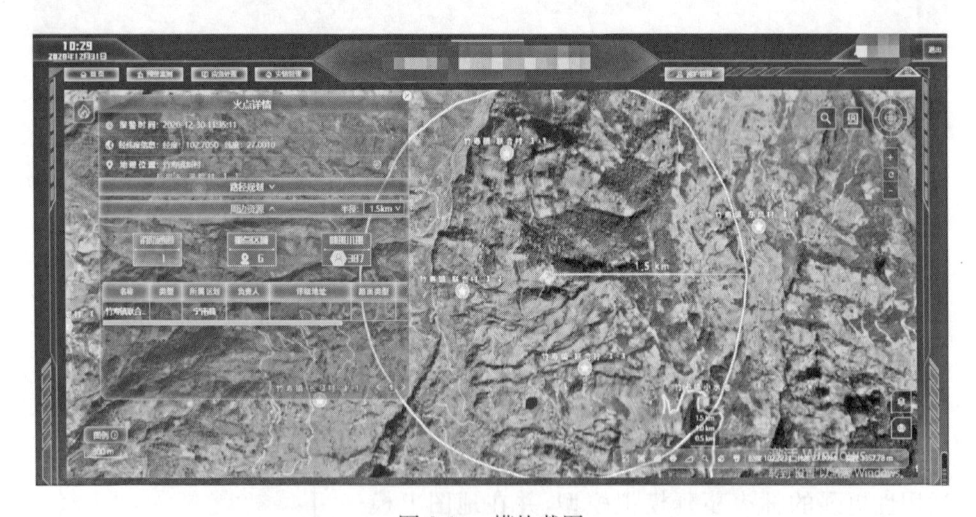

图 8-10　模块截图

(5)扑救路径规划模块。通过公共道路数据和林区道路数据的运用，可实现由指挥中心或者移动终端前往火点的路径规划功能，如图 8-11 所示。

图 8-11　模块截图

测地距离指的是在两点曲线上的贴地距离，直线就是两点的距离。导航规划路线使用依地路线和林区防火通道数据，更准确展现两点的距离和规划路线，如图 8-12 所示。

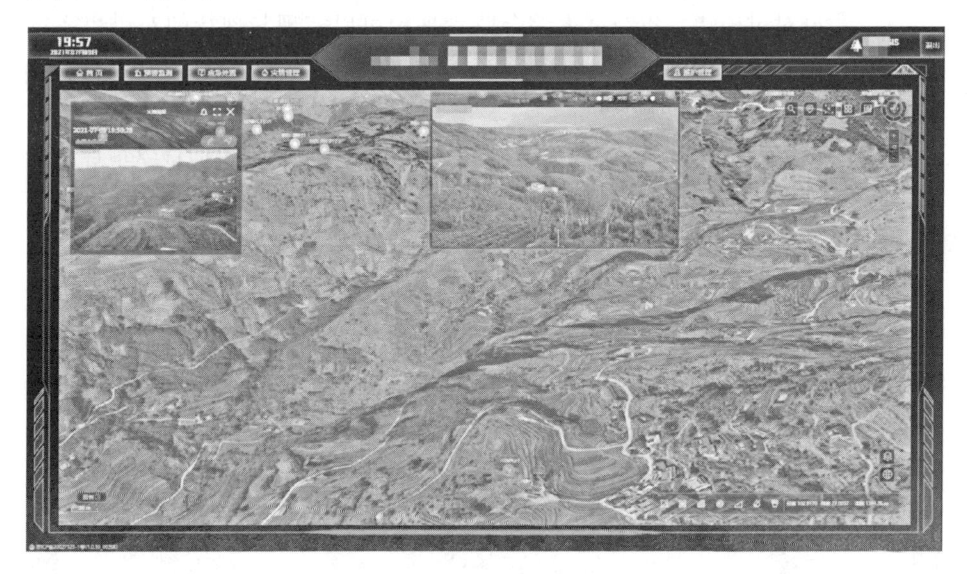

图 8-12　依地规划路线示意图

（6）电子沙盘推演模块。在三维地图基础上动态同步标绘扑救兵力部署、扑救线路选择、扑救方向、扑救人员调动、隔离带开辟位置及长度、火灾态势控制等指令。态势标绘功能将火场的扑救情况直接在指挥中心进行同步呈现，指挥员所下达的每一道扑救命令也可以在地图上呈现，整个扑救过程动态、清晰的展现在指挥中心，在指挥中心构建同步模拟火灾现场，使得整个扑救指挥更加准确，配合火情蔓延模拟分析可以及早对火灾的扑救做出针对性的指挥调度，如图 8-13 所示。

图 8-13　电子沙盘模块界面

（7）集群对讲模块。省级林火综合监管平台可以实现与现行的对讲机系统的融合，在同一个平台中查看、呼叫佩戴对讲机的扑救、巡护人员，与其进行语音对讲。

（8）多源会商模块。平台支持多源数据信号的视频会商，包括各级指挥中心视频信号、无人机低空实时图传信号、移动端音视频信号、前端智能监控点位视频信号等，如图 8-14 所示。

图 8-14　多源会商模块

3. 灾后管理阶段。

(1)灾损评估模块。该模块为灾后损失记录模块,支持火情数据、报警数据、气象数据等的自动生成。同时,对扑救过程、人员出动情况、物资调拨情况、经济损失、林木损失、物资损失、人员伤亡等,支持手动输入记录,形成专门的森林火灾电子档案集以备溯源查看。支持文档打印功能,形成纸质和电子档案双向备份机制,如图 8-15 所示。

图 8-15　灾损评估模块

(2)火灾档案模块。对每一起报警形成报警记录,对每一起处置后的火情形成火灾电子文档,以做到“每案留痕”。

4. 平台授权。

平台支持各地市、区县申请接入和使用,申请单位享有自己所在区划的操作权限,并享有和省平台同步的数据、共享资源以及平台功能迭代和运维服务。

三、其他森林火灾预警监测系统

火险预警是预防工作的先导,林火监测是实现森林火灾“早发现”的关键环节。截至 2022 年,全国现有森林火险要素监测站 3 245 个,可燃物因子采集站 746 个,人工瞭望塔 9 312 座,视频监控系统 3 998 套,火情瞭望覆盖率 68.1%。针对预警响应机制不完善、林火监测的精度和时效性不高、瞭望存在盲区的现状,利用信息化技术和现代高科技手段,加强新技术应用,创新预警模式,强化响应措施,构建完善的森林火险预警响应体系;充分发挥卫星监测低成本、广覆盖的特点，不断扩充星源，提高卫星监测时效和精度，建立分级监测机制；在森林资源分布的重点地区、重点部位，加强视频监控系统建设；适当新建和维修瞭望塔，发挥其在大面积林区火情监测中的作用。通过综合利用"天基、空基、陆基"监测手段，共享卫星图像资源和信息，建成集卫星遥感、高山瞭望、视频监控、飞机巡航和地面巡护的立体林火预警监测系统，提升森林火险预警、火情实时监测能力，如图 8-16 所示。

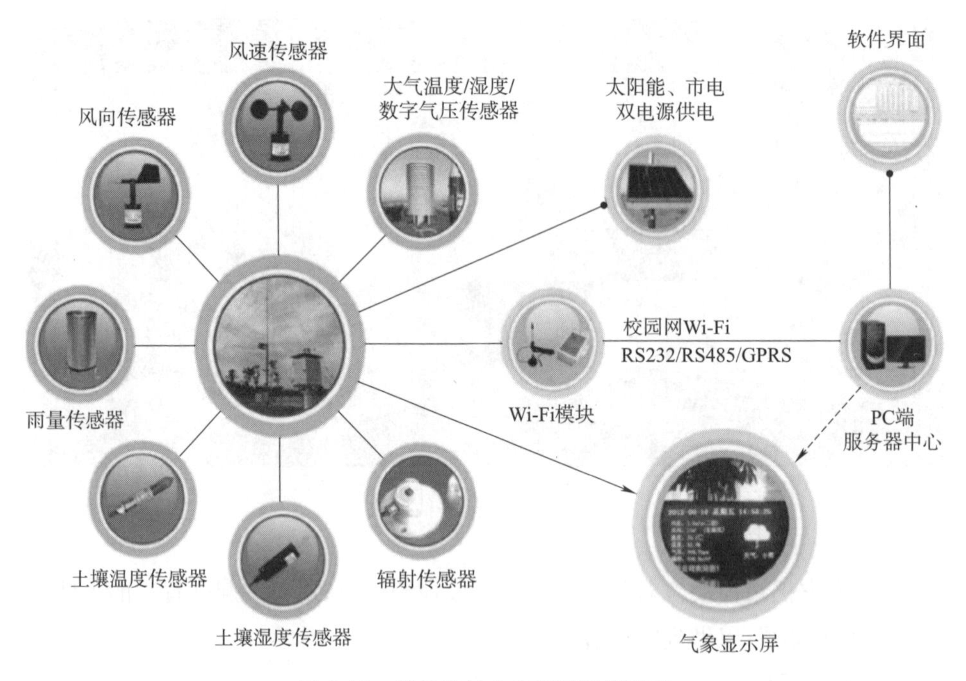

图 8-16　其他森林火灾预警监测系统

(一)森林火险预警系统

在全国森林火险预警系统建设的基础上，统一开发基于多源信息融合的森林火险预警模型及配套系统软件，建设全国预警平台，完善预警响应机制，深化与气象部门的合作，推动全国森林火险气象预测预报一体化建设；各省(自治区、直辖市)完善建设森林火险预警平台，并负责运行维护和管理辖区内的监测站点。在升级改造现有的火险要素监测站和可燃物因子采集站基础上，新建 1 500 个可同时测量气象因子和森林可燃物含水率的新型森林火险综合监测站，如图 8-17 所示。

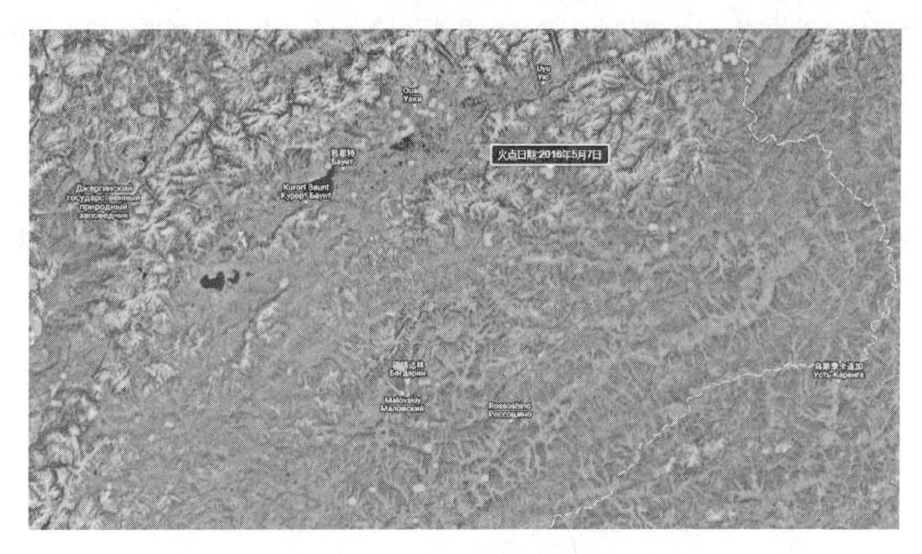

图 8-17　森林火险预警系统

(二)卫星林火监测系统

开拓卫星林火监测使用的星源,充分发挥资源卫星、环境卫星、减灾卫星、高分卫星等其他高分辨卫星在林火监测中的应用,充分依托国家统筹建设的陆地、气象等卫星地面接收站网,鼓励和培育社会运营公司采用 PPP 模式和市场化手段开展林火监测应用支撑,建成国家森林防火卫星数据接收分析处理系统。建立卫星林火监测分级处理机制,国家重点负责较大林火的宏观监测和重大火灾的跟踪监测;省(自治区、直辖市)承担辖区内的日常监测工作,及时精确判读卫星热点,快速通知基层核查,跟踪林火扑救动态,提高卫星遥感监测的作用。建设国家主分发处理系统 1 套、3 个分中心的数据上传系统,更新卫星林火监测系统背景图层。

(三)林火视频监控系统

充分利用现有铁塔、电力、网络等公共资源,采用先进的红外探测技术、高清可见光视频技术、智能烟火识别技术,实现森林火情 24 小时不间断探测和自动报警。在森林资源分布集中、政治敏锐性高、火源控制难度大等重点区域和重点部位建设视频监控系统,增强新技术瞭望火情和及时发现火源的能力。其中在森林集中连片、人工瞭望盲区较大的重点林区和部位主要布设监测火情的视频监控系统,及时自动发现火情;在人员活动、野外用火、农事用火频繁的重点区域和部位主要布设监控火源视频监控系统,严格监管野外用火行为,减少人为火源引发森林火灾的频度。经济条件较好的地区,视频监控系统可逐步向一般火险区扩展。本期规划在现有 3 998 套视频监控系统的基础上,新建视频监控系统 5 425 套，覆盖 30%森林火灾高危区和高风险区，并利用互联网平台初步构建全国森林防火视频监控网络系统。

(四)瞭望塔建设

充分发挥现有瞭望塔的瞭望监测功能，对森林火灾高危区现有瞭望塔升级改造，完善瞭望塔配套设施，改善瞭望塔工作生活条件，配备必要的瞭望监测、语音通信设备。完善大面积林区瞭望监测网络，在适宜人工瞭望监测的大面积林区新建瞭望塔，进一步提高瞭望监测覆盖率，如图 8-18 所示。

图 8-18　瞭望塔

(五)无人机巡查系统建设

利用无人机挂载双光吊舱、挂载高音喊话器、挂载五拼倾斜摄影相机、生命探测仪、红外温度仪等不同的设备对森林防火进行高效及全面的巡查监测等工作，充分实现“空基”森林火源的监测。无人机以及相应系统具备机动强、操作灵敏等优势可以对当前森林防火监测的盲区进行补充监测，如图 8-19 所示。

图 8-19　无人机巡查系统

第九部分　扩展阅读：地形地貌与等高线识别

森林火灾的发展变化与地形、地势、地貌密不可分。无论沿海平原还是东北山区、西南高原，地形、地势、地貌都会影响森林火灾的发展方向、局地风向和气候、以及水源位置等火灾因素，对消防救援队伍组织开展森林火灾扑救工作造成一定影响。

一、地形、地势、地貌与等高线判读方法

（一）地形

陆地表面各种各样的形态，总称地形。

按其形态，可分为山地、高原、平原、丘陵和盆地五种类型。此外，还有受外力作用而形成的河流、三角洲、瀑布、湖泊、沙漠等。

地形是内力和外力共同作用的效果，它时刻在变化着。

【课外小知识：七大洲的地形各具特色，欧洲、非洲、南极洲地形较为单一。欧洲地形以平原为主，地势较低平，平均海拔 300 m 左右，是世界上海拔最低的一个洲；非洲大陆地形以高原为主，被称为“高原大陆”；南极洲地面多被冰雪覆盖，平均海拔超过了 2 000 m，是世界上平均海拔最高的洲。南北美洲和大洋洲澳大利亚大陆的地形，大体上可以分为西部、中部、东部三大地形区，所不同的是南北美洲地形组合为西部山地、中部平原、东部高原，澳大利亚大陆的地形组合为西部高原、中部平原、东部山地。亚洲地形最为复杂，其中部高，四周低，中部高原、山地面积广大，平原分布在大陆周围。】

海底地形大体分为大陆架、大陆坡和洋盆三部分。海底地貌类型复杂，有很深的海沟，面积广大的洋盆，以及绵延的海岭等。世界最深海沟是位于太平洋的马里亚纳海沟，最高的山是喜马拉雅山。

陆地地形和海底地形及特点，如图 9-1 所示。

（二）地势

地势指地表形态起伏的高低与险峻的态势，包括地表形态的绝对高度和相对高差或坡度的陡缓程度。不同地势往往由不同条件下内、外动力组合作用形成。人类对地势的利用表现在工程水利、建筑和军事等许多方面。

中国西部以山地、高原和盆地为主，东部则以平原和丘陵为主，地势总的特征是西部高，东部低。

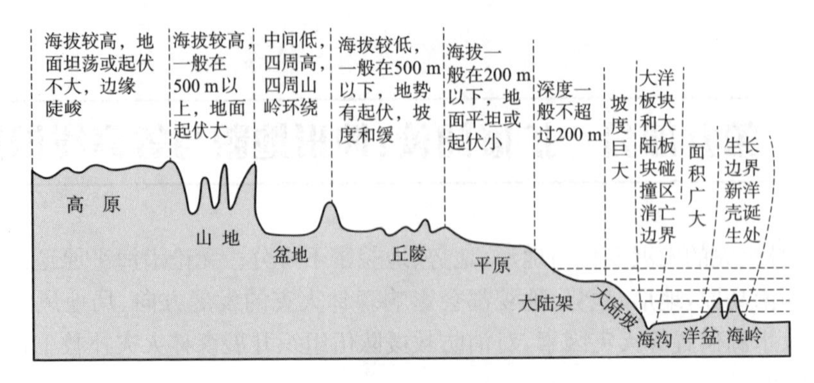

图 9-1 陆地地形和海底地形及特点

从中国地势阶级示意图看,从青藏高原向北、向东,各类地形呈阶梯状逐渐降低,可以分为三级阶梯。第一级阶梯:青藏高原雄踞西南,平均海拔在 4 000 m 以上,号称世界屋脊。第二级阶梯:在青藏高原的北边和东边,海拔迅速下降到 1 000～2 000 m左右,局部地区低于 500 m。第三级阶梯:第二级阶梯以东的地形,海拔多在 500 m 以下。在这里,众多东流入海的江河,将携带的泥沙沉积下来,形成依山傍海,纵贯南北的冲积平原。

(三)地貌

地貌是指地表起伏的形态,如陆地上的山地、平原、河谷、沙丘,海底的大陆架、大陆坡、深海平原、海底山脉等。根据地表形态规模的大小,有全球地貌,有巨地貌,有大地貌、中地貌、小地貌和微地貌之分。

大陆与洋盆是地球表面最大的地貌单元,较小的地貌形态如有在流水和风力作用下形成的沙垄和沙波等。

地貌是自然地理环境的重要要素之一,对地理环境的其他要素及人类的生产和生活具有深刻的影响。地貌是不断发展变化的,地貌发展变化的物质过程称地貌过程,包括内力过程和外力过程。

内力和外力是塑造地貌的两种营力,地貌是内力过程与外力过程对立统一的产物。根据形态及其成因,可将地貌划分出各种各样的形态类型、成因类型或形态-成因类型。

地貌也叫地形,不过这两个概念在使用上也常有区别,如地形图一般指比例尺大于 1∶100 万,着重反映地表形态的普通地图,而地貌图则是一种主要反映地貌形态成因或某一地貌要素的专题地图。在测绘工作中,地形是地表起伏和地物的总称。地形起伏的大势一般称为地势。

关于地形、地势、地貌,消防救援人员仅做简单了解即可,不必过于深究其中的概念区分。开展灾情研判、作战指挥和火灾扑救时,大多仅区分局地地形,统称“地形”即可。

绝大多数时候，消防救援人员在开展森林火灾扑救时，并不能第一时间获得地形图和火点示意图。特别是浓烟、浓雾交叉弥漫和夜间，无论采用何种手段，都无法判断火点和火势蔓延方向所处的地形，对火灾扑救造成极大的安全隐患。此时，需要借助等高线图判断地形。

(四)等高线判读方法

1. 概念。把陆地上海拔高度相同的各点连成的闭合曲线，并垂直投影到一个水平面上，并按比例缩绘在图纸上，就是等高线，每条等高线都有相应的海拔。把相邻等高线之间的海拔高度差，称为等高距。

把等高线垂直投影到一个水平面上，并按一定比例绘制在图纸上，就得到了等高线地形图，如图 9-2 所示。

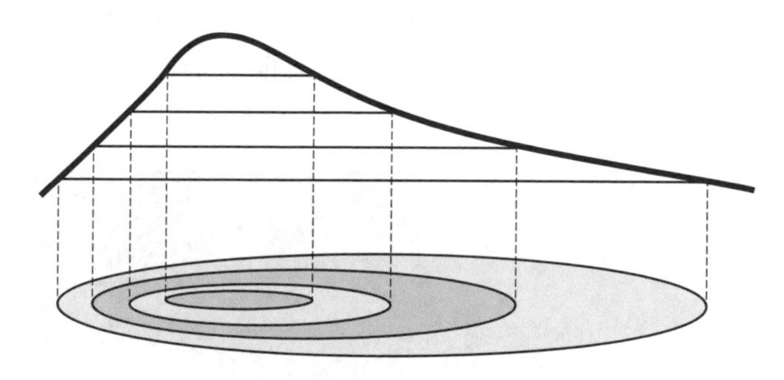

图 9-2　等高线地形垂直投影示意图

等高线也可以看作是不同海拔高度的水平面与实际地面的交线，所以等高线是闭合曲线。在等高线上标注的数字为该等高线的海拔，如图 9-3 所示。

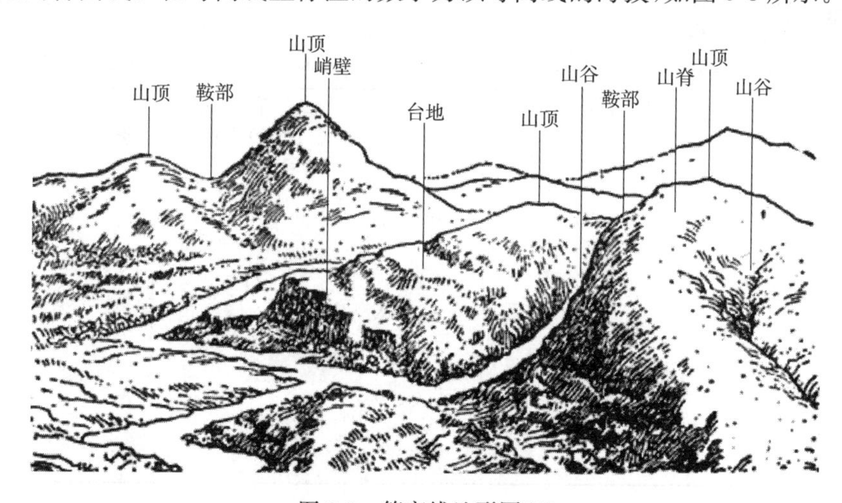

图 9-3　等高线地形图(1)

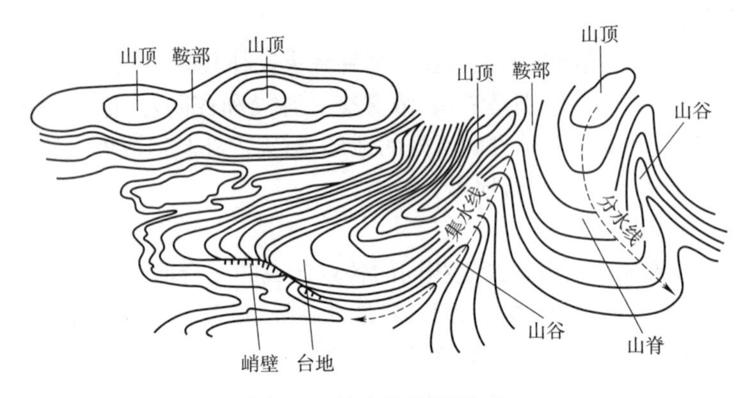

图 9-3　等高线地形图(2)

用等高线在地形图上表示地貌，不仅能正确反映地面的高低起伏、山脉走向、山体形状、坡度大小和山谷宽窄深浅等，而且能清楚显示一定地区的山势总貌，如图 9-4、图 9-5 所示。

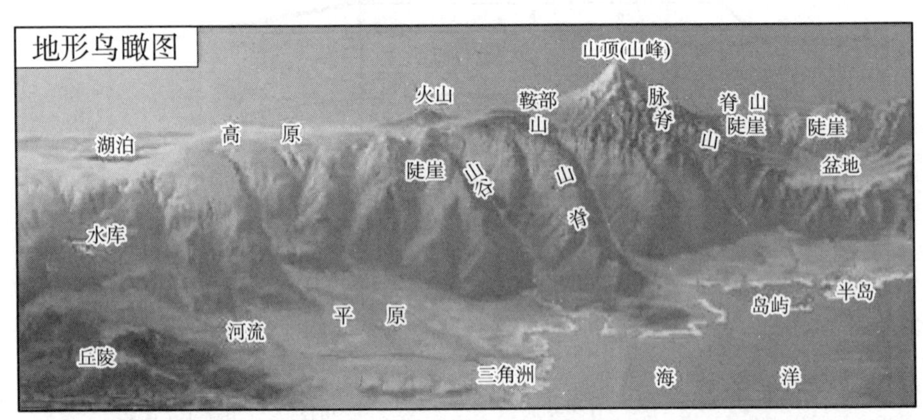

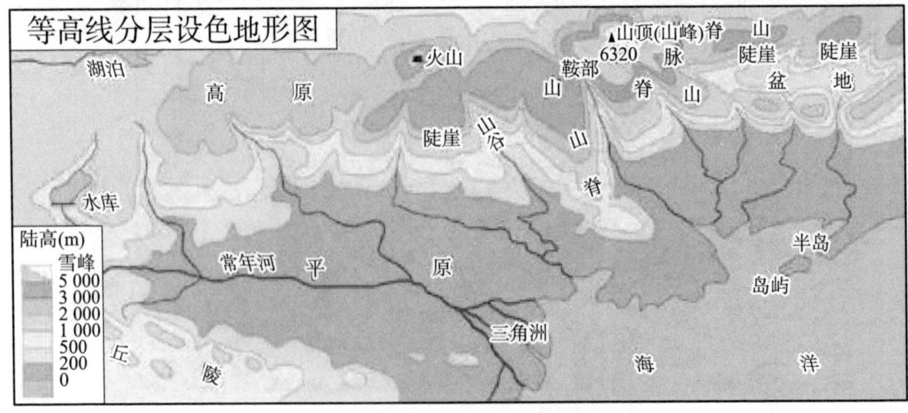

图 9-4　地形鸟瞰图和等高线分层设色地形图

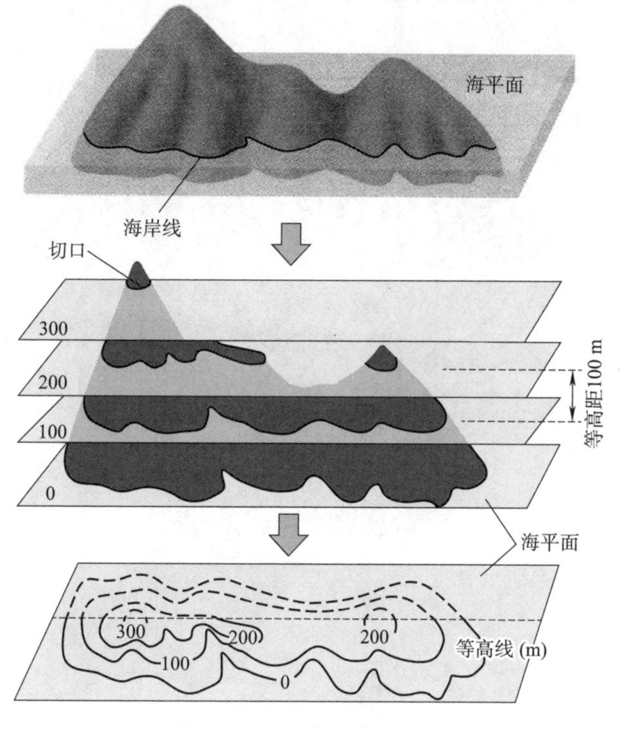

图 9-5 等高线绘法示意图

2. 等高线的八大基本特性。

(1)同线等高：同一条等高线上的各点等高，并以海平面作为零米。

(2)等高距全图一致：等高距即指两条相邻等高线之间的高度差。例如三条等高线的海拔为 500 m、600 m、700 m，则等高距为 100 m。

(3)等高线是封闭的曲线：无论怎样迂回曲折，终必环绕成圈，但在一幅图上不一定全部闭合。

(4)两条等高线决不能相交：因为一般情况下，同一地点不会有两个高度。但在陡崖处，等高线可以重合。

(5)等高线疏密反映坡度缓陡：等高线稀疏的地方表示缓坡，密集的地方表示陡坡，间隔相等的地方表示均匀坡。

(6)等高线与山脊线或山谷线垂直相交：等高线穿过山脊线时，山脊线两侧的等高线略呈平行状。等高线穿过河谷(山谷线或集水线)时，向上游弯曲，成反 V 字形。

(7)两对等高线凸侧互相对称时，为山岳的鞍部，也叫山的垭口。

(8)示坡线表示降坡方向：示坡线是与等高线垂直相交的短线，总是指向海拔较低的方向，有时也称为降坡线，如图 9-6 所示。

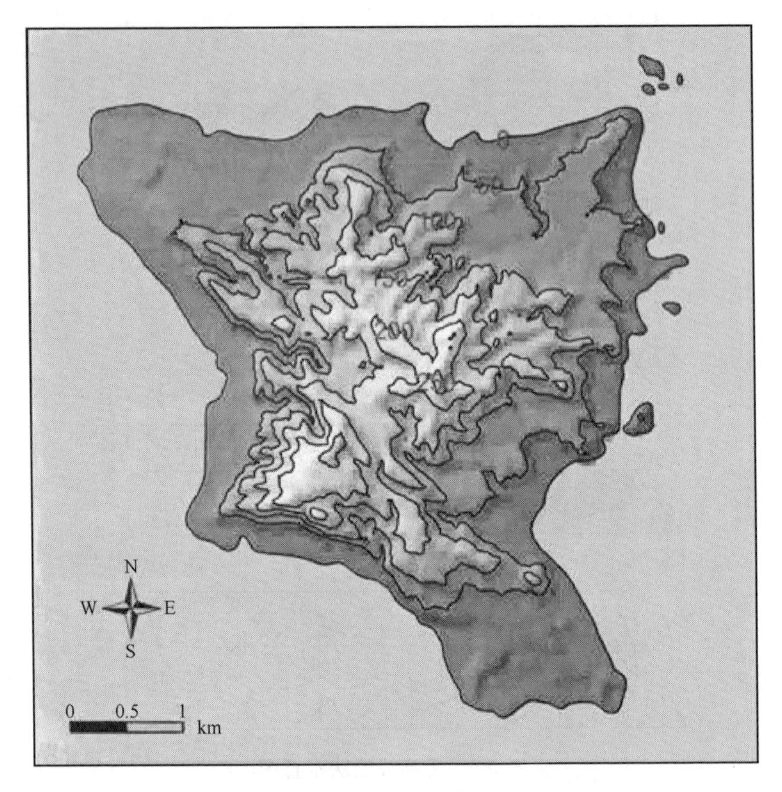

图 9-6 示坡线

3. 几条典型线面。

(1)示坡线:画在等高线一侧,由地势高处指向地势低处。

(2)脊线:等高线由高处向低处弯曲,各等高线最大弯曲处的连线。

(3)槽线:等高线由低处向高处弯曲,各等高线最大弯曲处的连线。

(4)分水岭:等高线从高处向低处凸出,最大弯曲处的连线是脊线,又称为分水岭。

(5)集水线:等高线从低处向高处凸出,最大弯曲处连线就是山谷线,又称为集水线。

4. 绝对高度与相对高度概念。

(1)绝对高度:地面某个地点高出海平面的垂直距离,称为绝对高度(也称海拔高度)。在地图上用海拔高度表示地面高度;等高线图上所标的注记数字均为海拔高度,非相对高度。

(2)相对高度:地面某个点高出另一地点的垂直距离,称为相对高度。相对高度的数值可能比海拔高度小,也可能比海拔高度大,如图 9-7、图 9-8 所示。

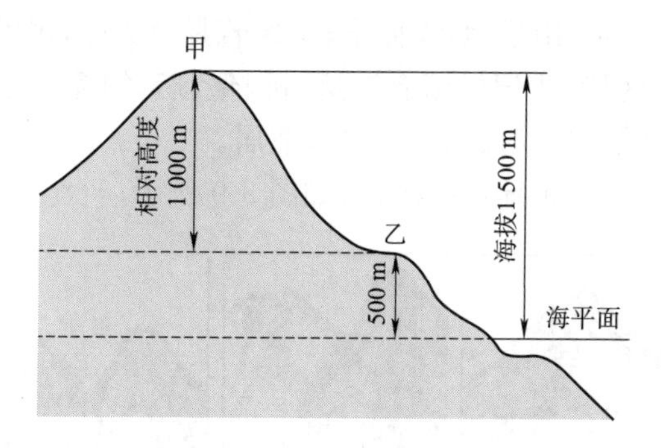

图 9-7 海拔和相对高度示意图

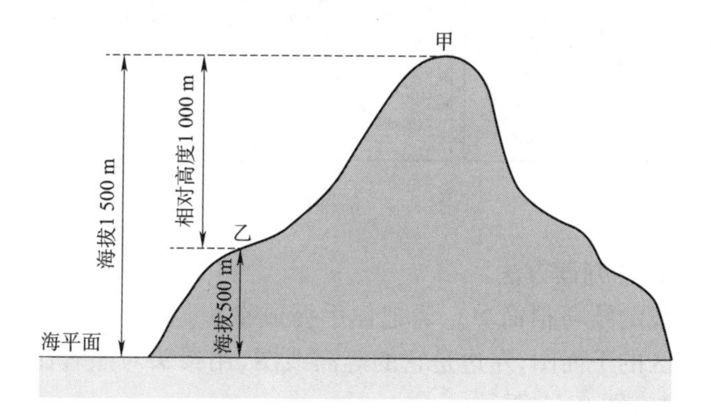

图 9-8 海拔和相对高度示意图

5. 几条重要的等高线。

(1)0 m 线：表示海平面，也是海岸线。

(2)0～200 m：平原地形(等高线稀疏，广阔平坦)。

(3)200～500 m：丘陵地形，相对海拔小于或等于 100 m。

(4)500 m 以上：山地地形，相对海拔大于 100 m，等高线密集，河谷转折呈V 字形。

(5)2 000 m、3 000 m 线：反映中山和高山。

(6)高原地形：海拔高度大，相对高度小，等高线在边缘十分密集，而顶部明显稀疏。

(7)4 000 m 线：反映青藏高原和高山的特征。

6. 等高线地形分布规律口诀。

(1)山成群，形成脉，小山多在大山内；先抓大山做骨干，记了这脉记那脉。

(2)上游窄，下游宽，多条小河汇大川；河名顺着河边写，流向流速看注记；桥梁渡口有几处，深度地质要熟悉。

(3)平原地,多而宽,山丘地,少而窄;山区若是有大路,多沿河旁和山谷。

(4)平原密,山区稀;要记村镇有轨迹;桥、堡、店、镇靠公路,沟、涧、岭、峪在山区;泡、湾、河、洼顺水找,村、屯、庄、窑多散居。

在等高线地图上,各种地形的表达,如图 9-9 所示。

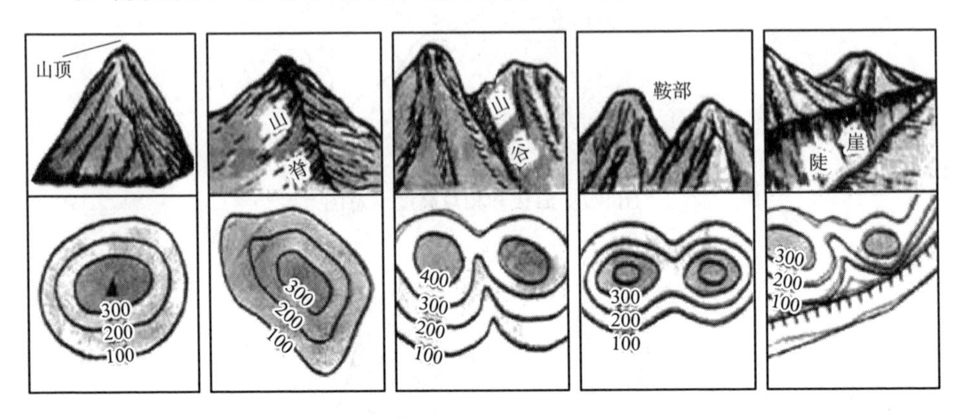

图 9-9　各种地形

7. 等高线地图判读方法。

判读等高线的技巧很简单。请把你手握成拳头,将它看成是一个地形区。右边是该地形区的平面图,左边是它的等高线图,用拳头对照着比比看,会发现什么?如图 9-10、图 9-11 所示。

地形	地形特征	等高线形态	等高线图	判读方法
山峰 山丘	四周低中间高闭合	曲线外低内高	山顶 山坡 山谷	①坡向线向外侧 ②数值内高外低
盆地 洼地	四周高闭合中间低外高	曲线内低外高		①坡向线向内侧 ②数值内低外高
山脊 (分水岭)	从山顶向外伸出的凸起部分	等高线向低处凸	山脊 800 600 400 200	①等高线凸向低处 ②脊线高于两侧
山谷 (干谷、河谷)	山脊之间低洼部分	等高线向高处凸	山谷 600 400 200	①等高线凸向高处 ②谷线低于两侧
鞍部	相邻两个山顶之间呈马鞍形	一对山脊线	鞍部	两山峰之间
陡崖	近于垂直的山坡	多条等高线重合叠在一起		①等高线重合 ②根据陡崖符号

图 9-10　地形图与等高线图对比

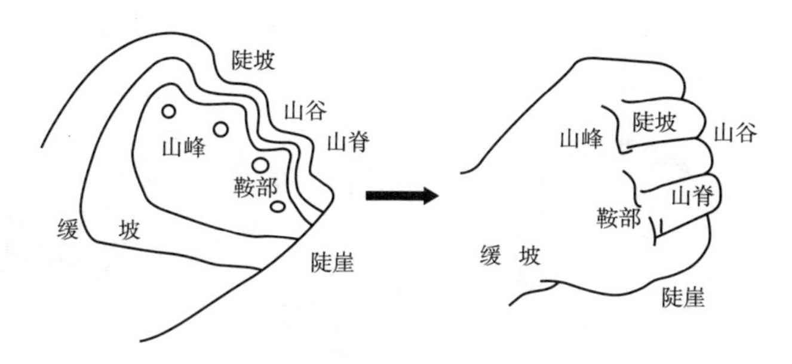

图 9-11　等高线图与拳头对比

★举例:裸露在水面的等高线★

著名的新安江水库,观察湖面小岛的边沿,裸露的黄土从高处看去就像是绘制在湖面上的等高线,如图 9-12 所示。

建设水库淹没了低洼的陆地,山峰变成了小岛,故而得名千岛湖。千岛湖水不经任何处理即达饮用水标准,被誉为“天下第一秀水”。

图 9-12　新安江水库

8. 地形部位的判断。

几条等高线重叠的地方是悬崖峭壁。数条等高线平行,并且都向海拔较低处凸出,这里是山脊。数条等高线向海拔较高处凸出,那么这里是山谷。等高线密集,是陡坡。等高线稀疏,是缓坡。如图 9-13 所示。

等高线闭合,数值从中心向四周逐渐降低——山地;反之,数值从中心向四周逐渐升高——盆地或洼地;两个山顶中间的低地——鞍部;等高线弯曲部分向低处凸出——山脊;等高线弯曲部分向高处凸出——山谷;等高线重合处——陡崖。

(1)判断地形坡度

等高线越密集,坡度越陡;等高线越稀疏,坡度越缓。等高线上疏下密表示凸形坡,上密下疏表示凹形坡,关键是抓住比例尺和等高距。

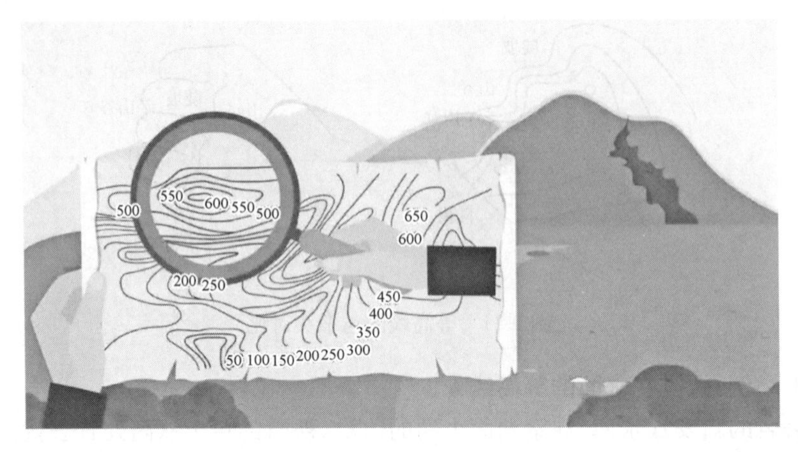

图 9-13　等高线的判断

①根据等高线疏密判断。比例尺和等高距相同的等高线地形图上，在相同的水平距离上等高线越密集，坡度越大；等高线越稀疏，坡度越小。例如图 9-14 中的坡度由大到小的顺序为 C>A>D>B。

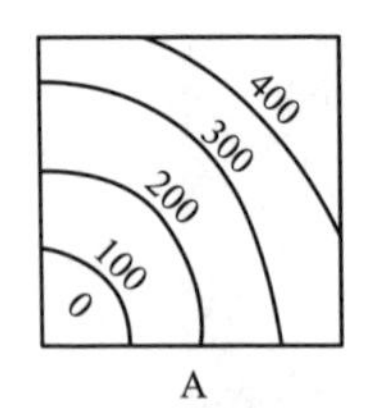

A

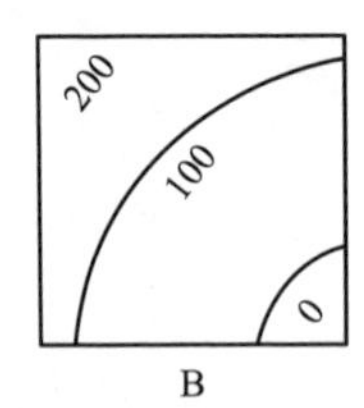

B

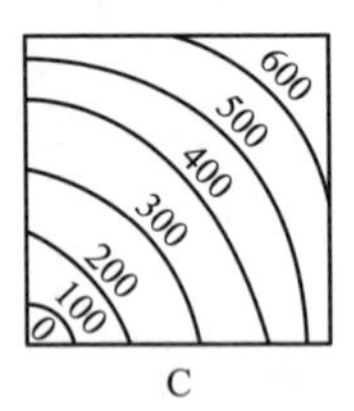

C

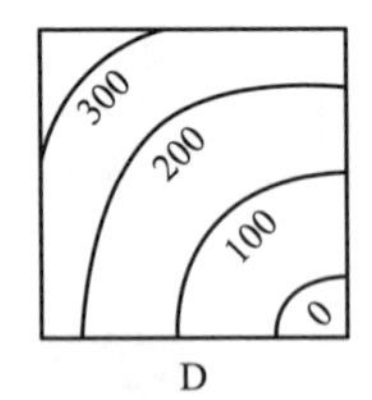

D

图 9-14　等高线疏密判断

②根据等高距大小判断。比例尺相同、等高距不同的等高线地形图上，在相同的水平范围内等高距越大，坡度越大；等高距越小，坡度越小。例如图 9-15 中的坡度由大到小的顺序为 B>D>A>C。

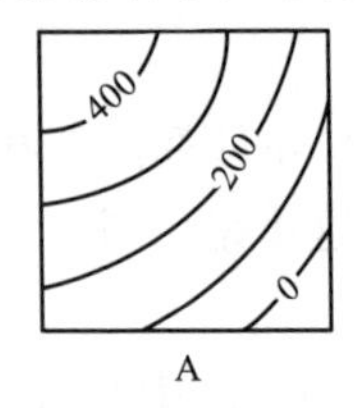

A

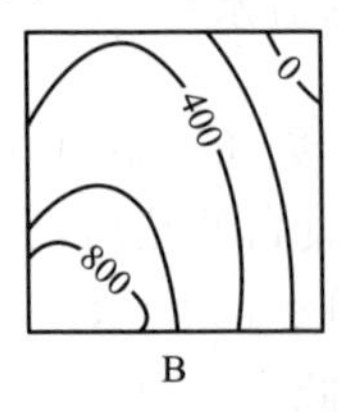

B

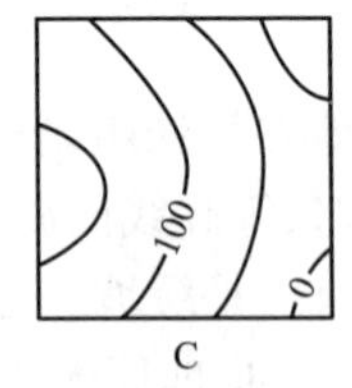

C

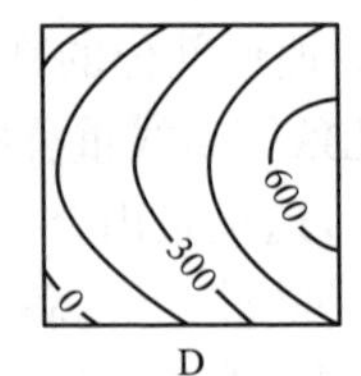

D

图 9-15　等高距大小判断

③根据比例尺判断。在等高线稀疏程度相同，等高距相同的情况下，比例尺越大，坡度越大，反之，比例尺越小，坡度越小。例如图 9-16 中的坡度由大到小的顺序为 A>C>D>B。

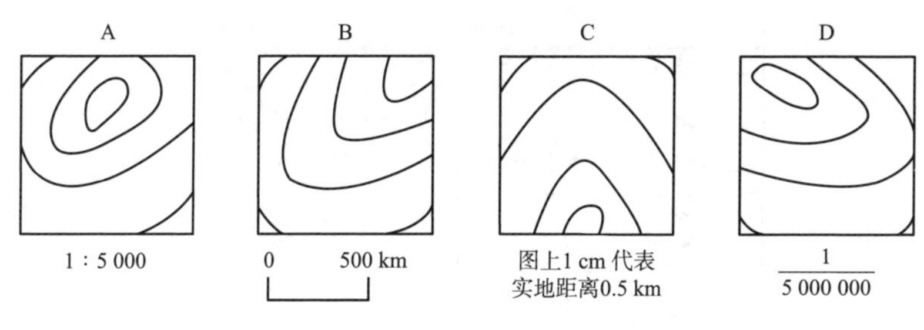

图 9-16　比例尺判断

(2)判断地形类型

平原:陆地上海拔较低地面起伏比较小的地区称为平原。它的主要特点是海拔 200 m 以下,等高线稀疏,广阔平坦,地势低平,起伏和缓,相对高度一般不超过 55 m,坡度在 5°以下,如图 9-17 所示。

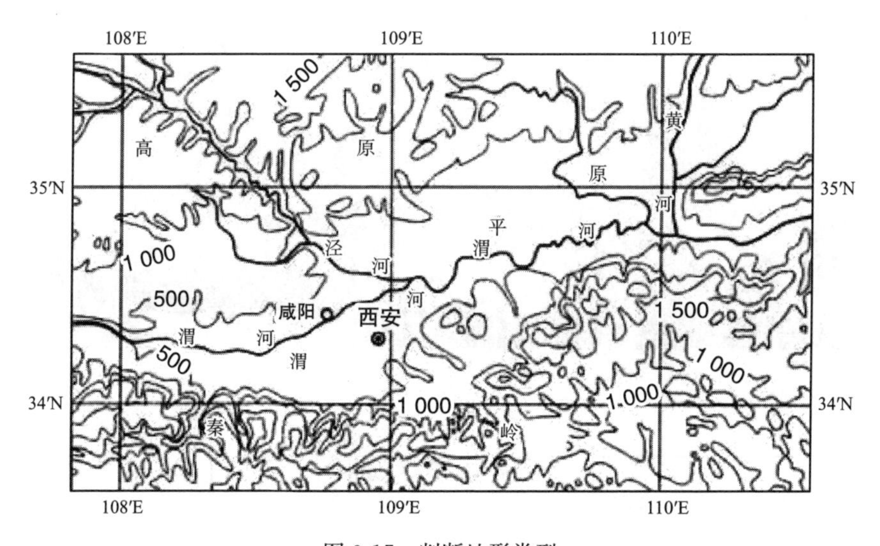

图 9-17　判断地形类型

平原和高原共同特点是地面起伏小,不同的则是平原海拔低,海拔一般在 200 m 以下,而高原海拔较高,边缘比较陡峭;和丘陵的区别在于起伏较小。平原是陆地上最平坦的地域,平原地貌宽广平坦,起伏很小。

丘陵一般海拔在 250 m 以上,550 m 以下,相对高度一般不超过 100 m,等高线稀疏,弯折部分较和缓,高低起伏,坡度较缓,由连绵不断的低矮山丘组成的地形,如图 9-18 所示。

山地:海拔 500 m 以上,相对高度大于 100 m,等高线密集,河谷转折呈“V”字形,如图 9-19、图 9-20 所示。

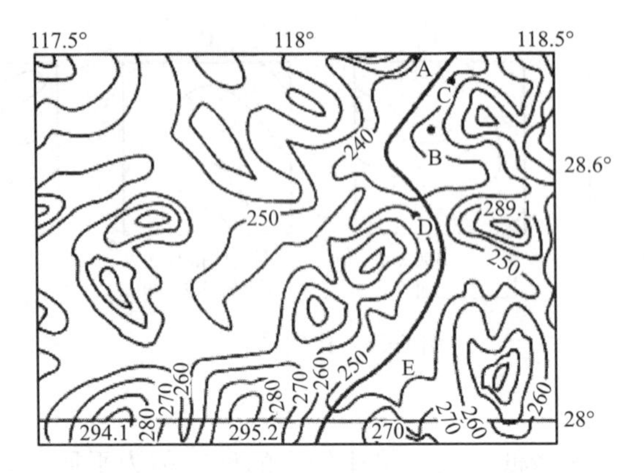

图 9-18　丘陵等高线

图 9-19　山地

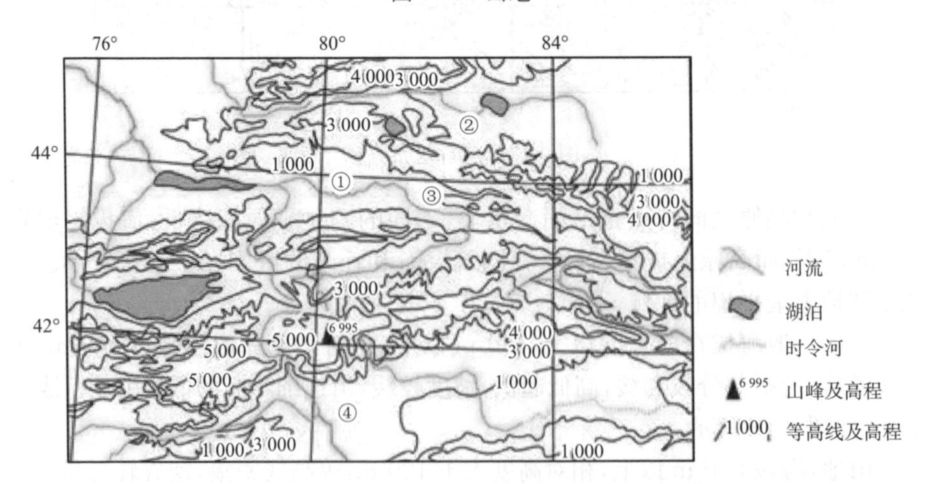

图 9-20　山地等高线

高原：海拔高度大，相对高度小，面积广大，地形开阔，周边以明显的陡坡为界。高线在边缘十分密集，而顶部明显稀疏。高原与平原的主要区别是海拔较高，它以完整的大面积隆起区别于山地。

高原素有"大地的舞台"之称，它是在长期连续的大面积的地壳抬升运动中形成的。它以较大的高度区别于平原，又以较大的平缓地面和较小的起伏区别于山地。有的高原表面宽广平坦，地势起伏不大；有的高原则山峦起伏，地势变化很大，如图 9-21、图 9-22 所示。

图 9-21　高原

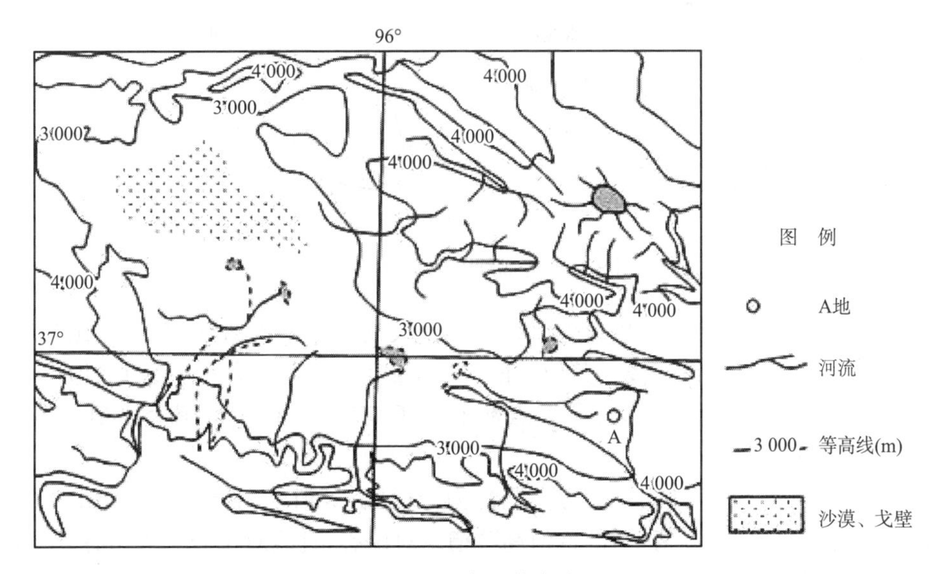

图 9-22　高原等高线

盆地：四周高(山地或高原)、中部低(平原或丘陵)的盆状地形称为盆地，如图 9-23 所示。

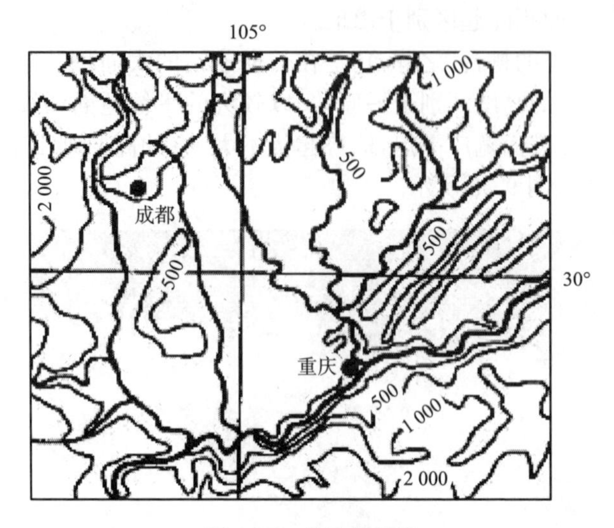

图 9-23　盆地等高线

(3)等高线弯曲部分的判读方法

①垂线法。在等高线图上弯曲最大处的两侧作各等高线的垂线，方向从高值指向低值。若箭头向中心辐合，则等高线弯曲处与两侧比为低值区；若箭头向外围辐散，则等高线弯曲处与两侧比为高值区，如图 9-24、图 9-25 所示。

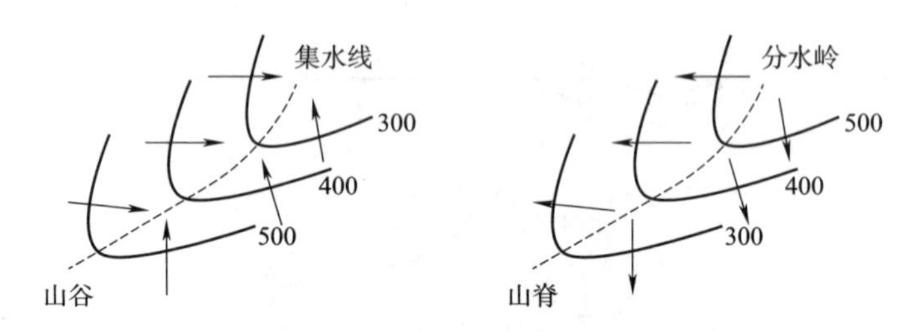

图 9-24　等高线弯曲部分的判读

②切线法。切线法是指在等值线弯曲最大处作某条等值线的切线，比较切点与切线上其他点(该切线与其他等值线的交点)的数值大小。若切点数值小于其他点的数值，则为低值区；若切点数值大于其他点的数值，则为高值区，如图 9-26 所示。

③口诀法。等值线向高值方向凸出为低值区；等值线向低值方向凸出为高值区。可编口诀"凸高值低，凸低值高""槽线对山谷、脊线对山脊""大山谷、小山脊"等，如图 9-27 所示。

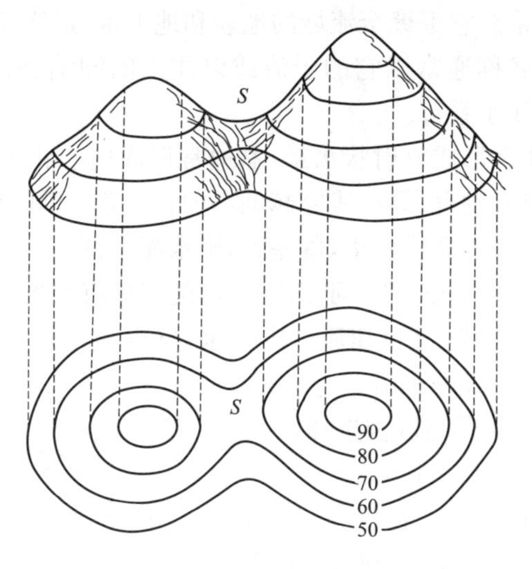

图 9-25　垂线法

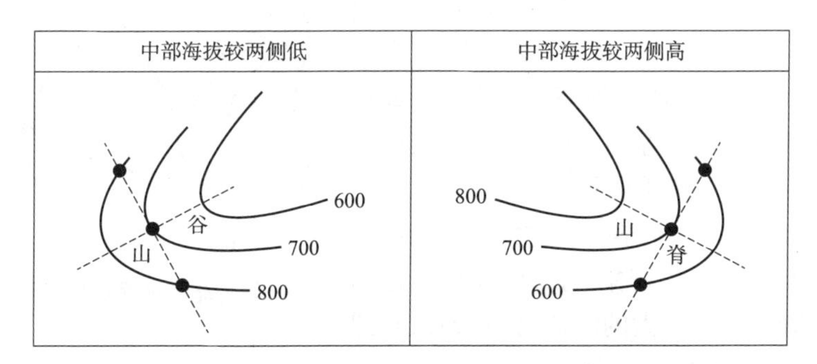

图 9-26　切线法

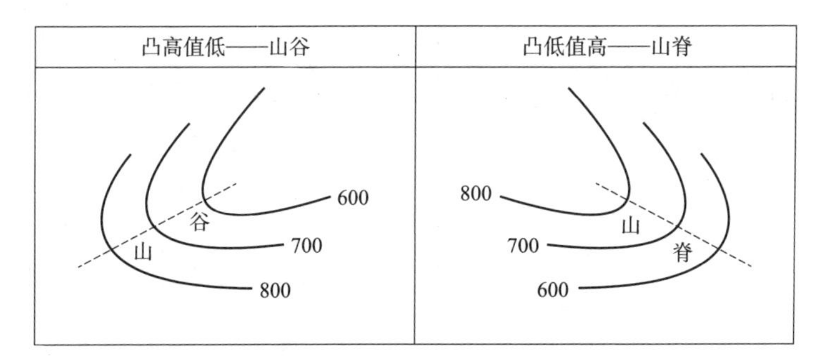

图 9-27　口诀法

9. 等高线与河流的水系、水文特征。

干流、支流和流域内的湖泊、沼泽或地下暗河彼此连接组成一个庞大的系统，称水系，又称河系。它汇聚全流域的地表和地下水，最终注入海洋、湖泊或消失于荒原。水系的名称通常以它的干流或以注入的湖泊、海洋命名，如长江水系、太湖水系、太平洋水系等。

水系特征：山地常形成放射状水系，盆地常形成向心状水系；山脊是河流的分水岭，山谷常有河流发育；等高线穿越河谷时向上游方向弯曲，即河流流向与等高线凸出方向相反；等高线密集，落差大，则水能丰富。

水文特征：河谷等高线密集，河流流速大，陡崖处有时形成瀑布；河流的流量还与流域面积（集水区域面积）和流域内降水量（内流区域的融冰或融雪量）有关；河流流出山口常形成冲积扇。

10. 等高线地形状况与区位选择。

(1)选“点”

①水库坝址的位置应选在等高线密集的河流峡谷处，使坝身较短，避开断层、喀斯特地貌区等，依等高线高程定坝高，依水平距离定坝长，尽量少淹农田，如图 9-28 所示。

图 9-28　水库坝址等高线

②水库库区宜选在河谷、山谷地区或选在口袋形的洼地、小盆地，这些地区不仅库容大，而且有较大的集水面积。

③港口码头的位置应选择等高线稀疏（陆域平坦），等深线密集（水域较深）且避风的海湾；避开含沙量大的河流，以免造成航道淤积，如图 9-29、图 9-30 所示。

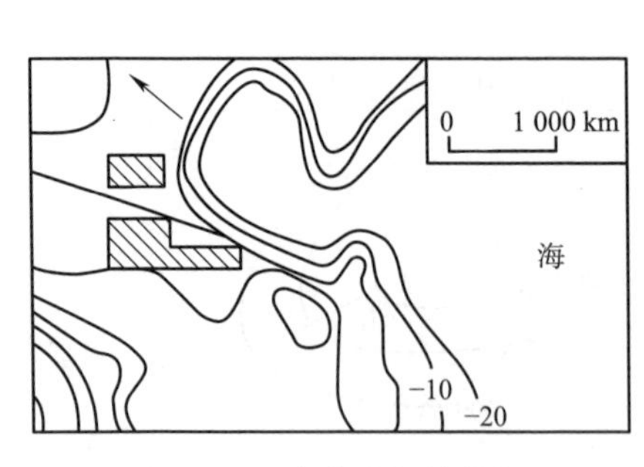

图 9-29　水库库区等高线

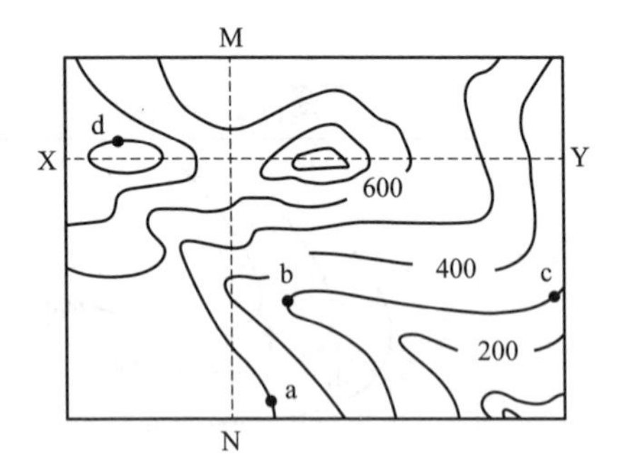

图 9-30　港口码头等高线

④气象站应建在地势坡度适中、地形开阔的地点。

⑤疗养院应建在地势坡度较缓、气候适宜、空气清新的地方。

⑥宿营地应避开河谷、河边，以防暴雨造成山洪暴发带来的损失；避开陡

崖、陡坡，以防崩塌、落石造成的伤害；应选在地势较高的缓坡或较平坦的鞍部宿营。

⑦航空港应建在等高线稀疏的地方，即地形平坦开阔、坡度适当、易排水的地方，同时还要地质条件好；注意盛行风向并保持与城市有适当的距离等。

(2)选“线”

①确定公路、铁路线一般情况下，利用有利的地形、地势，选择坡度较缓、线路较短、弯路较少的线路，少过河建桥，以降低施工难度和建设成本，尽量避免通过高寒区、沙漠区、沼泽区、永久冻土区、地下溶洞区等，如图 9-31 所示。

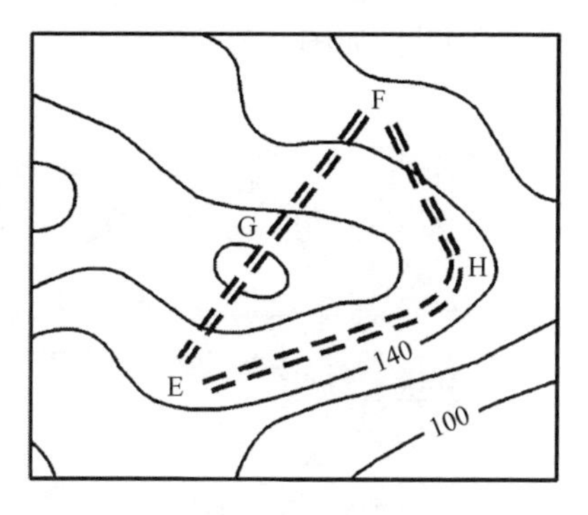

图 9-31　公路、铁路等高线

②确定引水线路：引水线路尽可能短，尽量避免通过山脊等障碍，并尽量利用地势使水流从地势高处向低处流输油管道选线，路程尽可能短，尽量避免通过大山、大河等。

(3)选“面”

①居民区：依山傍水，靠近水源；等高线间距较大的地形平坦开阔的向阳地带；交通便利，远离污染源等。

②工业区应建在地形较为平坦开阔的地形区，且交通便利，水源充足，资源丰富，如图 9-32 所示。

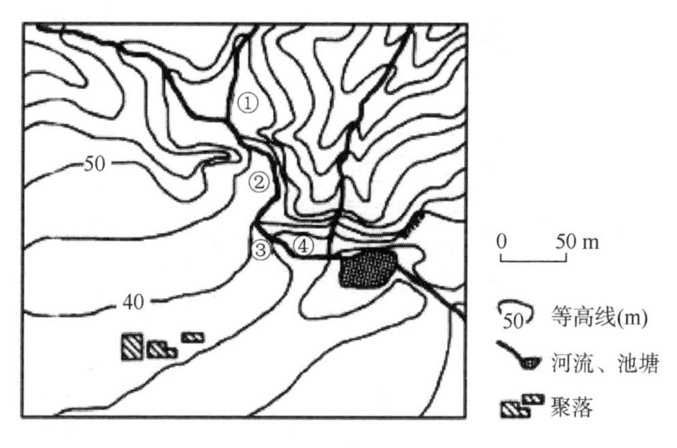

图 9-32　居民区等高线

③农业生产布局：根据等高线地形图反映的地形类型、地势起伏、坡度陡缓，结合气候和水源条件，因地制宜提出农、林、牧、渔业合理布局的方案。平原宜发展种植业；山区宜发展林业、畜牧业。

★特别注意:要通过判断等高线,规避九种危险地形★

11. 通视问题。

通过作地形剖面图来解决,如果过已知两点作的地形剖面图无山地或山脊阻挡,则两地可互相通视;注意凸坡(等高线上疏下密)不可见,凹坡(等高线上密下疏)可见,如图 9-33 所示。

图 9-33　景观图

(五)几种典型的等高线图(图 9-34 至图 9-43)

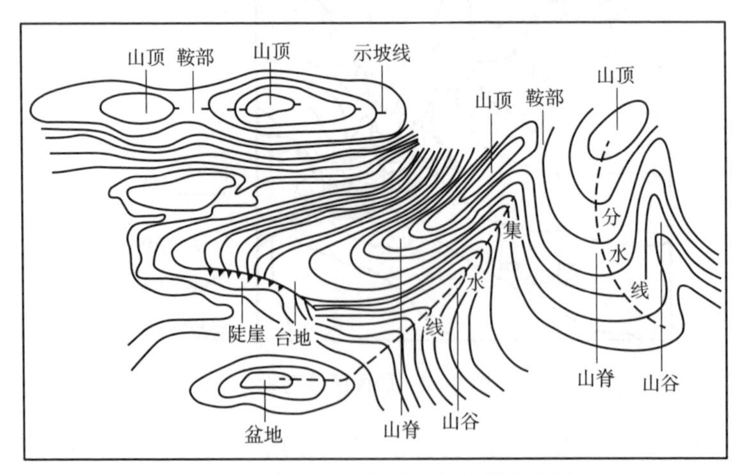

图 9-34　各种地形复合一起的等高线图

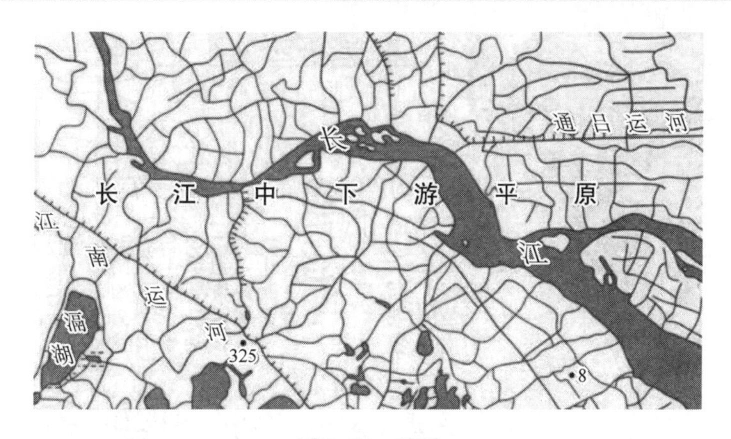

图 9-35　平原

图 9-36　渭河平原

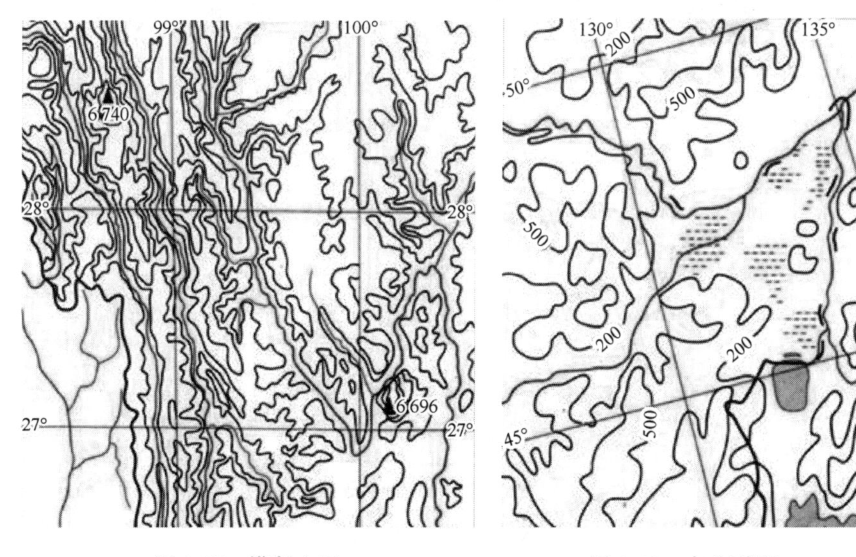

图 9-37　横断山区

图 9-38　东北平原

图 9-39　山地

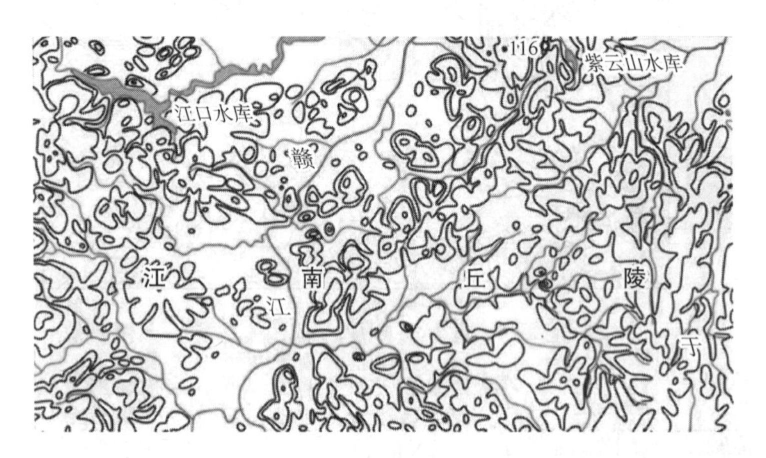

图 9-40　丘陵

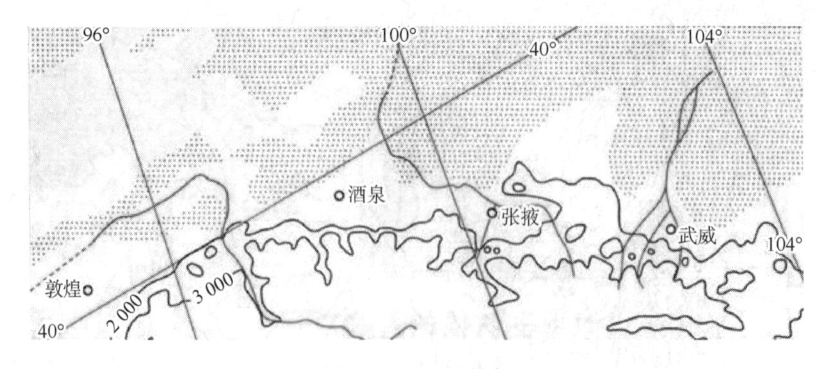

图 9-41　河西走廊

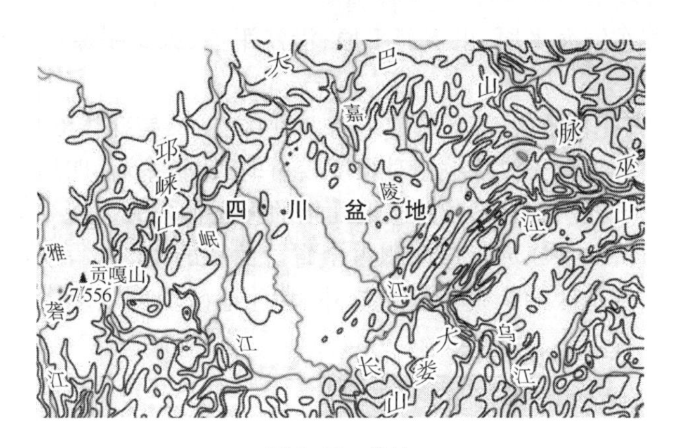

图 9-42 盆地

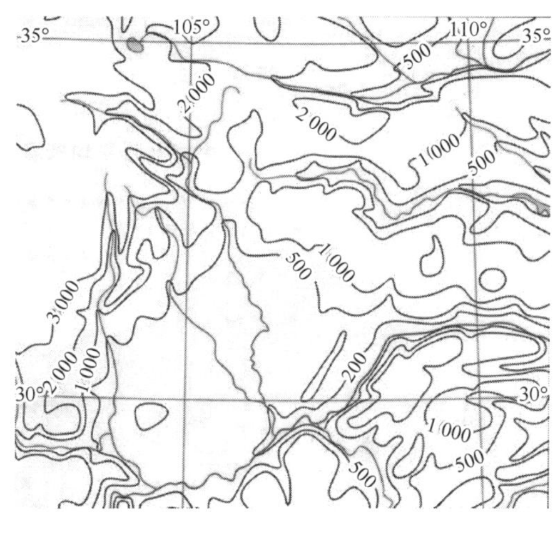

图 9-43 四川盆地

二、地形对森林及森林火灾扑救的影响

(一)地形对森林的影响

对森林火灾扑救专题来说，我国西高东低、三级阶梯分布的地形态势，主要影响森林以及水源分布。

众所周知，在漫长的人类发展史上，受生存因素影响，人类大多依水而居，并向沿海和平原地带迁徙。在人类生产生活过程中，这样的迁徙带来的农业种植、工业生产等，对森林造成破坏性影响，从而影响森林的分布。因此，适宜人类生产生活的平原地带的森林覆盖率较低，山地、高原等不适宜人类生产生活地带的森林覆盖率较高。

(二)江苏省地形与森林

江苏省地势平坦，平原广袤。平原低洼地是江苏省分布最广的地貌单元，徐淮黄泛平原、苏东滨海平原、里下河平原、沿江平原、太湖平原构成江苏平原的主体。

从森林火灾扑救角度,江苏的地形有两种优势:一是森林覆盖率较小,特别是山地森林极少,森林火灾扑救相对难度较小,相比较来看,四川西南部山地森林地形极其复杂,四川森林消防总队近几年的火灾扑救大多在 3 000～5 500 m 的高原山地进行;二是江苏水域面积占全省总面积的 16.9%,水资源优势极其明显,除苏北个别地区的个别干旱季节外,其他地区均可以使用水来扑灭森林火灾。

附　　录

附录 A　江苏省政府投资主办的省级以上森林公园和湿地公园名单

序号	公园名称	级别	地址	所在县级区划森林火险等级	森林防火分区类型
1	江苏南京长江新济洲湿地公园	国家级	南京市江宁区江宁街道	Ⅰ级火险县级单位	一级防火区
2	南京长江绿水湾省级湿地公园	省级	南京市江北新区	Ⅰ级火险县级单位（浦口区）	一级防火区
3	南京高淳固城湖省级湿地公园	省级	南京市高淳区	Ⅰ级火险县级单位	一级防火区
4	南京八卦洲省级湿地公园	省级	南京市栖霞区八卦洲街道洲头	Ⅰ级火险县级单位	一级防火区
5	南京上秦淮省级湿地公园	省级	南京市江宁区秣周东路	Ⅰ级火险县级单位	一级防火区
6	南京紫金山国家级森林公园	国家级	南京市玄武区	Ⅰ级火险县级单位（钟山风景区）	一级防火区
7	南京老山国家级森林公园	国家级	南京市浦口区	Ⅰ级火险县级单位	一级防火区
8	南京栖霞山国家级森林公园	国家级	南京市栖霞区	Ⅰ级火险县级单位	一级防火区
9	高淳游子山国家级森林公园	国家级	南京市高淳区	Ⅰ级火险县级单位	一级防火区
10	溧水无想寺国家级森林公园	国家级	南京市溧水区	Ⅰ级火险县级单位	一级防火区
11	南京牛首山省级森林公园	省级	南京市牛首山文化旅游区	Ⅰ级火险县级单位（江宁区）	一级防火区
12	南京南郊省级森林公园	省级	南京市雨花区	Ⅱ级火险县级单位	一级防火区
13	六合平山省级森林公园	省级	南京市六合区	Ⅱ级火险县级单位	一级防火区
14	六合金牛湖省级森林公园	省级	南京市六合区	Ⅱ级火险县级单位	一级防火区
15	六合方山省级森林公园	省级	南京市六合区	Ⅱ级火险县级单位	一级防火区
16	南京幕燕省级森林公园	省级	南京市下关、栖霞	Ⅰ级火险县级单位（栖霞区）	一级防火区
17	江宁方山省级森林公园	省级	南京市江宁高新园内	Ⅰ级火险县级单位	一级防火区
18	江宁大塘金省级森林公园	省级	南京市江宁区谷里街道双塘社区正方中路520号	Ⅰ级火险县级单位	一级防火区

续上表

序号	公园名称	级别	地址	所在县级区划森林火险等级	森林防火分区类型
19	无锡市惠山(青龙山)国家森林公园	国家级	无锡市滨湖区钱荣路115号	Ⅰ级火险县级单位	一级防火区
20	宜兴市国家森林公园	国家级	宜兴市丁张公路中段清水潭	Ⅰ级火险县级单位	一级防火区
21	江阴要塞森林公园	省级	江阴市山前路18号	Ⅱ级火险县级单位	一级防火区
22	宜兴太华山省级森林公园	省级	宜兴市太华镇太华村	Ⅰ级火险县级单位	一级防火区
23	江苏省宜兴市竹海森林公园风景区	省级	江苏省宜兴市湖汊镇竹海村	Ⅰ级火险县级单位	一级防火区
24	无锡阳山省级森林公园	省级	无锡市惠山区阳山镇桃文化广场	Ⅱ级火险县级单位	一级防火区
25	江苏无锡蠡湖国家湿地公园	国家级	无锡市滨湖区渤公岛蠡湖展示馆	Ⅰ级火险县级单位	一级防火区
26	江苏无锡长广溪国家湿地公园	国家级	无锡市滨湖区鸿桥路879号	Ⅰ级火险县级单位	一级防火区
27	江苏宜兴云湖省级湿地公园	省级	宜兴市太华镇	Ⅰ级火险县级单位	一级防火区
28	江阴芙蓉湖省级湿地公园	省级	江阴市月城镇人民路68号	Ⅱ级火险县级单位	一级防火区
29	无锡太湖大溪港省级湿地公园	省级	滨湖区新安街道城市管理办公室	Ⅰ级火险县级单位	一级防火区
30	无锡宛山荡省级湿地公园	省级	无锡市锡山区东亭街道友谊南路88号	Ⅱ级火险县级单位	一级防火区
31	江苏九里湖国家湿地公园	国家级	徐州市泉山区九里湖	Ⅱ级火险县级单位	一级防火区
32	江苏徐州潘安湖国家湿地公园	国家级	徐州市贾汪区潘安湖	Ⅱ级火险县级单位	一级防火区
33	江苏丰县黄河故道大沙河国家湿地公园	国家级	徐州市丰县大沙河镇	省级森林火险重点单位	一级防火区
34	江苏沛县安国湖国家湿地公园(试点)	国家级	徐州市沛县安国湖	省级森林火险重点单位	一级防火区
35	新沂骆马湖省级湿地公园	省级	徐州市新沂市骆马湖	Ⅱ级火险县级单位	一级防火区
36	睢宁白塘河省级湿地公园	省级	徐州市睢宁县白塘河	Ⅱ级火险县级单位	一级防火区
37	江苏微山湖湖滨省级湿地公园	省级	徐州市沛县微山湖湖滨	Ⅲ级火险县级单位	一级防火区
38	徐州市国家环城森林公园	国家级	徐州市泉山区凤鸣路27号	Ⅱ级火险县级单位	一级防火区
39	邳州国家级银杏博览园	国家级	徐州市邳州市铁富镇、港上镇、官湖镇	Ⅱ级火险县级单位	一级防火区

续上表

序号	公园名称	级别	地址	所在县级区划森林火险等级	森林防火分区类型
40	邳州省级古栗森林公园	省级	徐州市邳州市陈楼镇、炮车镇	Ⅱ级火险县级单位	一级防火区
41	邳州黄草山省级森林公园	省级	徐州市邳州市占城镇黄草山	Ⅱ级火险县级单位	一级防火区
42	新沂马陵山省级森林公园	省级	徐州市新沂市马陵山林场	Ⅱ级火险县级单位	一级防火区
43	睢宁县梁山省级森林公园	省级	徐州市睢宁县梁山	Ⅱ级火险县级单位	一级防火区
44	贾汪大洞山省级森林公园	省级	徐州市贾汪区大洞山	Ⅱ级火险县级单位	一级防火区
45	溧阳市天目湖国家级森林公园	国家级	溧阳市天目湖镇、龙潭林场、戴埠镇	Ⅰ级火险县级单位	一级防火区
46	溧阳市瓦屋山森林公园	省级	溧阳市瓦屋山林场	Ⅰ级火险县级单位	一级防火区
47	溧阳市西郊森林公园	省级	溧阳市林场	Ⅰ级火险县级单位	一级防火区
48	金坛茅东森林公园	省级	金坛区茅东林场	Ⅰ级火险县级单位	一级防火区
49	江苏溧阳长荡湖国家湿地公园(试点)	国家级	溧阳市上黄镇	Ⅰ级火险县级单位	一级防火区
50	江苏溧阳天目湖国家湿地公园(试点)	国家级	溧阳市天目湖镇	Ⅰ级火险县级单位	一级防火区
51	江苏金坛长荡湖国家湿地公园	国家级	金坛长荡湖	Ⅰ级火险县级单位	一级防火区
52	武进滆湖(西太湖)省级湿地公园	省级	武进西太湖管委会	Ⅱ级火险县级单位	一级防火区
53	江苏虞山国家森林公园	国家级	江苏常熟市虞山北路寺路街8号	Ⅰ级火险县级单位	一级防火区
54	西山国家森林公园	国家级	吴中区金庭镇	Ⅰ级火险县级单位	一级防火区
55	东吴国家森林公园	国家级	吴中区木渎镇	Ⅰ级火险县级单位	一级防火区
56	江苏大阳山国家森林公园	国家级	苏州高新区浒墅关经济技术开发区阳山环路	Ⅰ级火险县级单位	一级防火区
57	苏州上方山国家森林公园	国家级	苏州市高新区吴越路47号	Ⅰ级火险县级单位	一级防火区
58	东山省级森林公园	省级	吴中区东山镇	Ⅰ级火险县级单位	一级防火区
59	光福香雪海省级森林公园	省级	吴中区光福镇	Ⅰ级火险县级单位	一级防火区
60	吴江桃源省级森林公园	省级	吴江区桃源镇	Ⅲ级火险县级单位	一级防火区
61	常熟沙家浜国家湿地公园	国家级	常熟市沙家浜镇	Ⅰ级火险县级单位	一级防火区
62	昆山天福国家湿地公园(试点)	国家级	江苏省昆山市花桥商务城沿沪大道888号	省级森林火险重点单位	一级防火区

续上表

序号	公园名称	级别	地址	所在县级区划森林火险等级	森林防火分区类型
63	同里国家湿地公园(试点)	国家级	吴江区同里镇肖甸湖村	省级森林火险重点单位	一级防火区
64	苏州太湖湖滨国家湿地公园	国家级	吴中区太湖国家旅游度假区	Ⅰ级火险县级单位	一级防火区
65	苏州太湖三山岛国家湿地公园	国家级	吴中区东山镇三山岛	Ⅰ级火险县级单位	一级防火区
66	苏州太湖国家湿地公园	国家级	苏州新区镇湖绣品街1号	省级森林火险重点单位	一级防火区
67	张家港暨阳湖省级湿地公园	省级	张家港市杨舍镇	Ⅲ级火险县级单位	一级防火区
68	江苏省震泽省级湿地公园	省级	苏州市吴江区震泽镇东北郊	Ⅲ级火险县级单位	一级防火区
69	常熟南湖省级湿地公园	省级	常熟市辛庄镇苏虞张公路	Ⅰ级火险县级单位	一级防火区
70	常熟泥仓溇省级湿地公园	省级	常熟市董浜镇观智村	Ⅰ级火险县级单位	一级防火区
71	太仓金仓湖省级湿地公园	省级	太仓市城厢镇新港路太沙路交叉口金仓湖景区	Ⅲ级火险县级单位	一级防火区
72	昆山锦溪省级湿地公园	省级	江苏省昆山市锦溪镇环湖北路	Ⅲ级火险县级单位	一级防火区
73	苏州荷塘月色省级湿地公园	省级	苏州市相城区太阳西路4575号荷塘月色湿地公园	Ⅲ级火险县级单位	一级防火区
74	狼山省级森林公园	省级	南通市临港路18号	Ⅲ级火险县级单位	一级防火区
75	启东圆陀角滨海省级湿地公园	省级	启东圆陀角黄金海岸	Ⅲ级火险县级单位	一级防火区
76	云台山国家级森林公园	国家级	江苏省连云港市连云区中山中路558号	Ⅰ级火险县级单位	一级防火区
77	北固山省级森林公园	省级	江苏省连云港市连云区海棠路86号	Ⅰ级火险县级单位	一级防火区
78	花果山省级森林公园	省级	国营南云台林场	Ⅰ级火险县级单位(云台山风景区)	一级防火区
79	锦屏山省级森林公园	省级	连云港市海州区孔望山景区西大门西100米	Ⅰ级火险县级单位	一级防火区
80	江苏东海西双湖国家湿地公园	国家级	东海县城富华路以西	Ⅱ级火险县级单位	一级防火区
81	灌南硕项湖省级湿地公园	省级	灌南县城硕项路	Ⅲ级火险县级单位	一级防火区
82	连云港临洪河省级湿地公园	省级	连云港市海州区建设中路80号	Ⅰ级火险县级单位	一级防火区
83	灌云潮河湾省级湿地公园	省级	灌云县杨集镇	Ⅱ级火险县级单位	一级防火区

续上表

序号	公园名称	级别	地址	所在县级区划森林火险等级	森林防火分区类型
84	东海青松岭省级森林公园	省级	东海县李埝林场	Ⅱ级火险县级单位	一级防火区
85	灌云大伊山省级森林公园	省级	灌云县伊山镇	Ⅱ级火险县级单位	一级防火区
86	盱眙县铁山寺国家森林公园	国家级	铁山寺森林公园	Ⅰ级火险县级单位	一级防火区
87	盱眙县第一山国家森林公园	国家级	盱城镇淮河北路 24 号	Ⅰ级火险县级单位	一级防火区
88	洪泽湖古堰森林公园	省级	洪泽湖大堤(东经 118°24′—119°9′,北纬 33°2′—34°24′)	Ⅲ级火险县级单位	一级防火区
89	江苏淮安白马湖国家湿地公园	国家级	淮安市清江浦区丰惠广场 6 楼	省级森林火险重点单位	一级防火区
90	江苏淮安古淮河国家湿地公园	国家级	淮安市清江浦区清河新区	省级森林火险重点单位	一级防火区
91	江苏盱眙天泉湖省级湿地公园	省级	盱眙县铁山寺旁	Ⅰ级火险县级单位	一级防火区
92	金沙湖湿地公园	省级	阜宁县金沙湖管委会	Ⅲ级火险县级单位	一级防火区
93	江苏沿海森林公园	省级	亭湖区黄尖镇南首	Ⅲ级火险县级单位	一级防火区
94	九龙口国家湿地公园	国家级	建湖县九龙口旅游度假区	省级森林火险重点单位	一级防火区
95	黄海海滨国家级森林公园	国家级	东台市沿海经济区花林路 8 号	省级森林火险重点单位	一级防火区
96	大丰林海省级森林公园	省级	大丰区草庙镇	Ⅲ级火险县级单位	一级防火区
97	盐城市大纵湖旅游度假区	省级	盐都区滨湖街道双新大道	Ⅲ级火险县级单位	一级防火区
98	仪征市铜山森林公园	省级	仪征市铜山办事处铜山	Ⅱ级火险县级单位	一级防火区
99	扬州西郊森林公园	省级	仪征市刘集镇白羊山	Ⅱ级火险县级单位	一级防火区
100	仪征市龙山森林公园	省级	仪征市青山镇龙山	Ⅱ级火险县级单位	一级防火区
101	江都渌洋湖省级湿地公园	省级	扬州市江都区邵伯镇渌洋湖村	Ⅲ级火险县级单位	一级防火区
102	江都花鱼塘省级湿地公园	省级	扬州市江都区武坚镇花庄村	Ⅲ级火险县级单位	一级防火区
103	扬州润扬省级湿地公园	省级	扬州市邗江区润扬南路 1 号	Ⅲ级火险县级单位	一级防火区
104	南山国家森林公园	国家级	镇江市润州区南山	Ⅱ级火险县级单位	一级防火区
105	宝华山国家森林公园	国家级	句容宝华镇	Ⅰ级火险县级单位	一级防火区
106	茅山省级森林公园	省级	句容茅山	Ⅰ级火险县级单位	一级防火区
107	黄岗寺省级森林公园	省级	句容市边城镇	Ⅰ级火险县级单位	一级防火区

续上表

序号	公园名称	级别	地址	所在县级区划森林火险等级	森林防火分区类型
108	江苏句容赤山湖国家湿地公园	国家级	句容赤山湖	Ⅰ级火险县级单位	一级防火区
109	泰州溱湖国家湿地公园	国家级	泰州市姜堰区溱潼镇	省级森林火险重点单位	一级防火区
110	江苏兴化里下河国家湿地公园	国家级	江苏省兴化市李中镇	省级森林火险重点单位	一级防火区
111	江苏泰兴国家古银杏公园	国家级	江苏省泰兴市宣堡镇张河村	省级森林火险重点单位	一级防火区
112	泰州春江省级湿地公园	省级	江苏省泰州市高港区永安洲镇永胜社区	Ⅲ级火险县级单位	一级防火区
113	泰州溱湖森林公园	省级	江苏省泰州市姜堰区溱潼镇	Ⅲ级火险县级单位	一级防火区
114	泰州姜堰白米森林公园	省级	江苏省泰州市姜堰区白米镇	Ⅲ级火险县级单位	一级防火区
115	江苏三台山国家森林公园	国家级	宿迁市湖滨新区晓店镇	省级森林火险重点单位	一级防火区
116	宿迁古黄河湿地公园	省级	宿城区骆马湖路北侧古黄河公园	Ⅲ级火险县级单位	一级防火区
117	泗阳黄河故道湿地公园	省级	泗阳县众兴镇	Ⅲ级火险县级单位	一级防火区
118	宿豫区杉荷园湿地公园	省级	宿豫区新庄镇	Ⅲ级火险县级单位	一级防火区
119	泗洪洪泽湖森林公园	省级	泗洪县城头乡	Ⅲ级火险县级单位	一级防火区
120	宿迁骆马湖湿地公园	省级	宿迁市湖滨新区	Ⅲ级火险县级单位	一级防火区
121	宜兴市太湖省级湿地公园（2020年2月24日申报公示）	省级	宜兴市东部，涉及周铁镇、新庄街道、丁蜀镇	Ⅲ级火险县级单位	一级防火区
122	泰兴长江天兴洲省级湿地公园（2020年10月12日申报公示）	省级	泰兴市虹桥镇	Ⅲ级火险县级单位	一级防火区
123	靖江滨江省级湿地公园（2022年3月9日申报公示）	省级	靖江市新桥镇	Ⅲ级火险县级单位	一级防火区

附录 B 江苏省森林火险县级单位区划等级名录(2020)

一、Ⅰ级火险县级单位(18 个)

南京市:钟山风景区、浦口区、江宁区、栖霞区、高淳区、溧水区
无锡市:滨湖区、宜兴市
常州市:溧阳市、金坛区
苏州市:吴中区、高新区、常熟市
连云港市:云台山风景区、连云区、海州区
淮安市:盱眙县
镇江市:句容市

二、Ⅱ级火险县级单位(22 个)

南京市:雨花台区、六合区
无锡市:江阴市、梁溪区、锡山区、惠山区
徐州市:鼓楼区、贾汪区、泉山区、铜山区、新沂市、邳州市、睢宁县
常州市:武进区
连云港市:赣榆区、东海县、灌云县
扬州市:仪征市
镇江市:丹徒区、润州区、京口区、镇江新区

三、Ⅲ级火险县级单位

本省未列入Ⅰ级和Ⅱ级火险区的县级行政单位。

四、省级森林火险重点单位

国家级自然保护区、国家级森林公园、国家级湿地公园等国家级自然保护地。

附录C　森林火灾扑救专业队专勤车辆装备配备标准

序号	名称	主要用途	总队级专业队		支队级专业队		常备机动队	
			配备数量	备份比	配备数量	备份比	配备数量	备份比
1	多功能组合式工程机械抢险救援车	开挖生土隔离带、快速切割树木	*	——	*	——	*	——
2	全地形步履式挖掘机	复杂地形开挖隔离带	*	——	*	——	*	——
3	侦察无人机及配套控制系统	开展火情侦察	2套/队	——	1套/队	——	*	——
4	全地形车	山地运输、抵近观察	2辆/队	——	1辆/队	——	*	——
5	背负式细水雾灭火器	辅助灭火、清理余火	10个/队	——	5个/队	——	5个/队	——
6	消防水囊	远程供水灭火，分为5T、3T、2T、1T等多种规格	10个/队	——	5个/队	——	10个/队	——
7	背负式消防泵	直接灭火或提供水源	10～20台	——	5～10台	——	10～20台	——
8	机动链锯	开设隔离带或伐除杂灌	10台	——	5台	——	10台	——
9	风力(水)灭火机	直接灭火或计划烧除	1台/3人	——	1台/3人	——	1台/3人	——
10	二号工具	直接灭火或清理余火	1把/人	——	1把/人	——	1把/人	——
11	点火器	点迎面火或自救时点火	*	——	*	——	*	——
12	割灌机	清理杂灌或开设隔离带	*	——	*	——	*	——
13	砍刀	清理杂灌	*	——	*	——	*	——
14	发电机、油桶、急救箱	野外发电、供油、急救	*	——	*	——	*	——
15	加油器	为各类机泵加油	2台	——	1台	——	2台	——
16	灭火弹	灭火	100个	——	50个	——	100个	——
17	逃生瓶	紧急情况下投掷逃生	1个/人	——	1个/人	——	1个/人	——
18	逃生面罩	防烟雾中毒或灼伤	1个/人	3∶1	1个/人	3∶1	1个/人	3∶1
19	防扎鞋/靴	足部防护	1双/人	4∶1	1双/人	4∶1	1双/人	——
20	阻燃手套	手部及腕部防护	2副/人	4∶1	2副/人	4∶1	2副/人	4∶1
21	防烟眼镜	眼部防护	1副/人	4∶1	1副/人	4∶1	1副/人	4∶1
22	水壶	饮水或浸湿毛巾自救	1个/人	4∶1	1个/人	4∶1	1个/人	4∶1
23	毛巾	自救或流汗时用	2条/人	——	2条/人	——	2条/人	4∶1
24	打火机或火柴	点火避险	1套/人	——	1套/人	——	1套/人	——
25	雨衣、水靴、棉大衣	防雨、防水、防寒	*	——	*	——	*	——
26	避火罩	紧急避险	*	——	*	——	*	——

续上表

序号	名称	主要用途	总队级专业队		支队级专业队		常备机动队	
			配备数量	备份比	配备数量	备份比	配备数量	备份比
27	望远镜	侦察火情地形	1个/班	——	1个/班	——	1个/班	——
28	地形图	作战指挥	1张/队	——	1张/队	——	1张/队	——
29	林相图	作战指挥	1张/队	——	1张/队	——	1张/队	——
30	宿营帐篷	宿营	*	——	*	——	*	——
31	气垫	宿营	*	——	*	——	*	——
备注	“备份比”指扑救人员防护装备配备投入使用数量与备用数量之比；“——”表示根据需要进行备份；“*”表示根据实际需要进行配备。							